FB the 6th Issue

Contents

像烟花一样绽放

“对你这种学不会控制和理智的傻子来讲，恋爱就得淋漓尽致，感性得像烟花一样。”前天和朋友通电话，听她说完这句，我们双双陷入了沉默……

其实，朋友对我情感方面的判断和认知可以说是很准确了，她嘴里那种不会控制和理智的傻子就是前半生的我本人。

从小就看紫霞仙子飞蛾扑火的故事，可大圣却没能脚踩七彩祥云娶她；陆续听过很多经验丰富的“老司机”不停地讲着情商、博弈、运营情感，然后我在说完“姐，我懂了”后在执行层面把她们气死；偶尔刷微博在收藏夹里默默存了不少让我觉得茅塞顿开的金句，什么“喜欢就是放肆，但爱就是克制”，什么“你永远无法叫醒一个装睡的人”……嗯，我全方位地听了很多道理，又拥有天蝎座与生俱来的直觉和敏感，但，又仍然是个一旦感性起来，一切坚持原则，智商、情商、计划完全归零的 Loser，特别争气……

屡败屡战，屡战屡败。

可我也是人啊，我受伤了也会疼，我结束一段关系也会难过，我感受不到爱也会觉得孤独。有时我也在想，要不要改变自己，像朋友所说的，像个理智、精明的大人，去控制好情感，去同等地付出，去找到最对的人时才付出，去经营情感然后沉住气……可这些对于我这种直来直去的单细胞生物来说，真的太难了。我一直想要靠着最本能、最纯粹的出发点，想要靠着命运般的“那一眼”遇到一个人，然后爱就去肆无忌惮地爱，像烟花一样——可能你们会觉得我韩剧看多了（其实是），但爱就去勇敢爱，想念就去表白，为爱做些傻事……不也很可爱吗？

感性的人，会做感性的事。如果说以上是我悲惨的恋爱观，那么这种单细胞的勇敢爱的本能，也支撑着我所做的另一件事。

2012 年，地球毁灭的谣言四起，为了记录自己和身边朋友的成长、变化和故事，我开始做每年一本的街拍书，而那一年，也是《FB 范儿》系列的第一年。

2017 年 12 月 1 日，北京特别冷，随便呼吸一口都是凛冽的气息，在国学胡同一处落叶满地的四合院里，我们拍了特意从上海飞来的邬君梅姐姐，随着姐姐的一声“收工”，历时一年的拍摄终于杀青。从 3 月到 12 月，从春天到冬天，将近一百位朋友，而这，是你们和我们一起走过的第六年。

很多朋友会问，往年 11 月书就上市了，为什么到现在还不见踪影？也有人会问，前五年都是 6、7 月集中拍摄，为什么现在要一下拍一年？其实，一直都想找机会和大家聊聊我们的想法。

因为有了大家的爱和陪伴，《FB 范儿》系列顺利地走过了前五年，也是因为大家的爱和陪伴，我们想把它做得更好，更被大家需要。和市场上的很多街拍不同，《FB 范儿》越来越精准地定位在“穿出门”的简单时髦、舒服着时髦这件事上，而第六年和之后的每年，我们要更加强化“实穿”这点，不仅搭配要舒服合体，更要符合时节。相信很多人都知道但并不熟悉中国的二十四节气，而在顺应自然的每个节气该如何穿上，更是有一个盲区。因此，这第六年，我们做了全新升级改版，从春天到冬天，我们每个月都在拍摄，随拍随发，让你们能在我们的新媒体平台上看到每个季节最实用、最舒服的穿搭，让你可以完全照搬效仿，而四季结束，我们将集结一年的经典 Look，再次汇聚成一本书，一本四季穿搭指南，让你在来年的春天，将这本热乎乎的书拿在手里，陪你一起从春天启程。

有人说，这件事有意义吗？

我觉得有，因为一件没有意义的事不可能做到第六年还没饿死，还存在。《FB 范儿》系列确实说到做到了，用它的存在见证了书里所有这些朋友的变化和成长，而对每一位看到的读者，无论是新媒体内容还是读者手里的这本书，我们都希望能让读者更了解，如何顺应时节，简单时髦。

退一百万步讲，哪怕这件事和这本书都没有意义。以我这种单细胞感性生物的特质，也会继续把这件事做下去吧，因为有些事，就是你要做的事，因为你爱，也因为你爱，可以不计算，可以很勇敢，可以屡战屡败，可以屡败屡战。

此刻的北京，笼罩在昏黄的夕阳里，二环路上车水马龙，永无休止，我终于跟自己完成了幼稚的和解，在想爱的时候就爱吧，对想做的事就去做吧，哪怕像烟花一样转瞬即逝，至少也在生命里留下了痕迹。

最后，希望《FB 范儿》系列可以一直陪伴你的春夏秋冬，陪你找到风格，也希望你我，都遇到爱。

干枯大地发了芽 还开了花

立春，农历二十四节气中的第一个节气，更是春天的解锁密码，标志着春天的开始，气温开始回暖，连空气也变得温柔。同时，在养生上应该侧重护肝。作息时间上，也应顺应自然界的规律，早睡早起，并注意保暖。那么问题来了！对于我们这些“听话”的宝宝而言，2月初冷得手都不愿意伸出来，更别说出门买新衣了，冬天的那些旧衣怎么穿出早春的新鲜感？

同色系的叠搭中加入一抹亮色会是此刻的最佳首选！全黑的造型，可谓是时尚精们的必选。黑色卫衣搭配同色系紧身裤，靠小面积使用亮色配件，为整体造型增加亮点。又或者是深灰色小西装搭配同色系条纹裤，内搭红色拉链款针织衫，突出初春的活力；你还可以用黑色吊带裙外搭黑色皮夹克就连脚上的踝靴也来一双黑色的，而丰富层次的小心机则在于内搭的白色T恤和绿出一片森林的手袋上。总之深色的Look，一定要加一点儿小面积亮色，谁也不想变成黑山老妖，不是吗？让沉闷的造型，如同干枯的大地在初春长出新芽，开出花朵，才是爱美的你该有的样子哦！

cr. 外套&包 CHANEL T恤 PEACEBIRD MEN 裤子 Levi's® 短靴 BURBERRY 戒指 CHAUMET

拉

fig. 何穗

cr. 上衣 Chloé 裤子 Levi's® 腰带 Bally 手拿外套 PEACEBIRD MEN 包 TOD'S 项链 Folli Follie

fig. 周雨彤

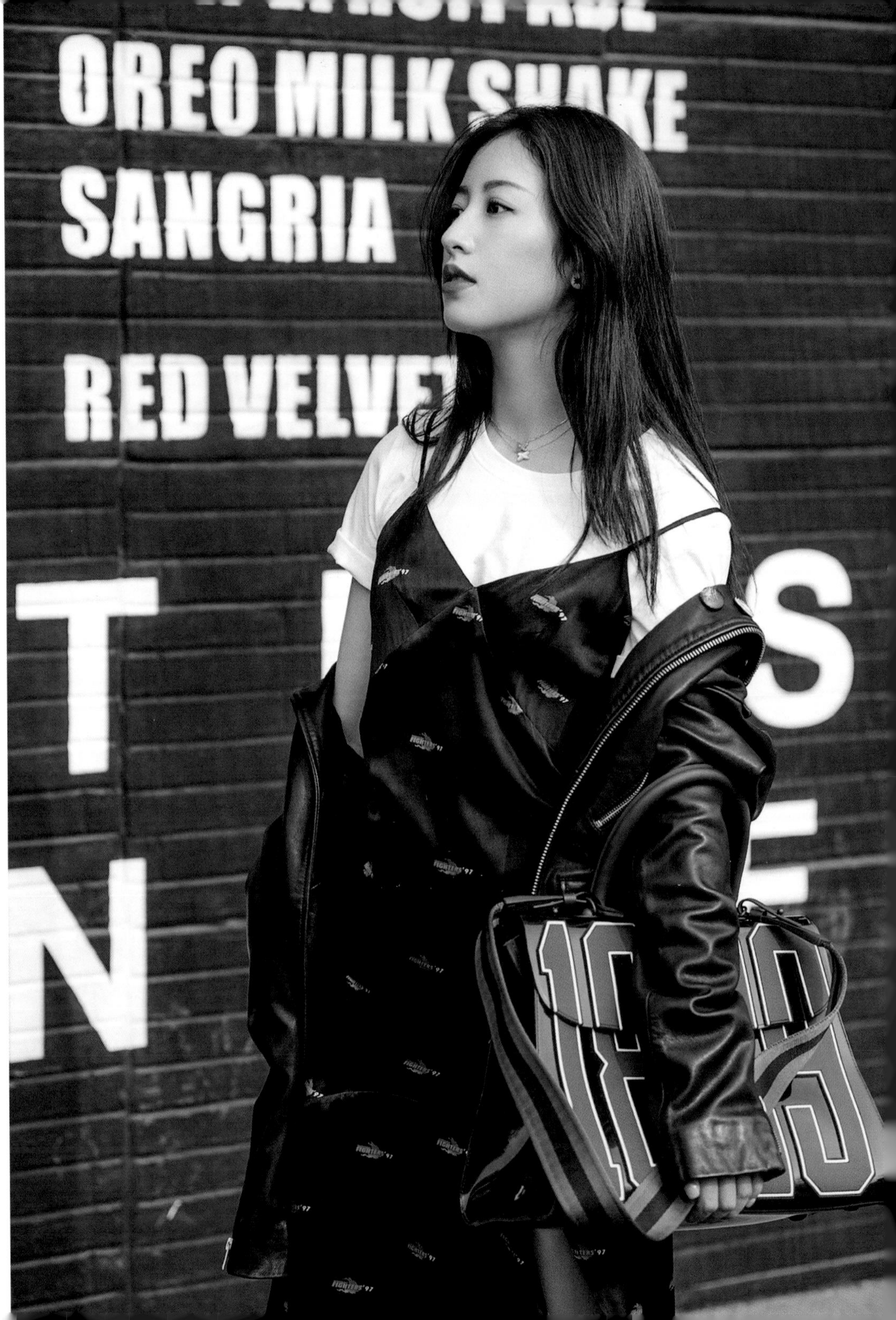

cr. 皮衣 AllSaints 吊带裙 MATERIAL GIRL T恤 DNCY 包 Delvaux 项链 CHAUMET

fig. 李媛

cr. 皮衣 Acne Studios 卫衣 Gucci 内搭 UNIQLO 裙子 DNCY 包 Folli Follie 戒指 CHAUMET fig. 李媛

cr. 外套 BALENCIAGA 卫衣 PEACEBIRD MEN 包 Delvaux

fig. 李艾

cr. 外套 SPORTMAX 上衣 Designer Yang Yian 裤子 MO&Co. 挂脖包 DISSONA 戒指 CHAUMET cr. 外套 TOD'S T恤 MUSIUM DIV. From I.T 短裤 DNCY 包 Delvaux 长靴 Stuart Weitzman 颈饰 SHOPBOP 戒指 CHAUMET

DREAM OF THE
DEAD DAYS

fig. 李艾

cr. 背心 DKNY 衬衫 PEACEBIRD MEN 裤子 Levi's® 包 Louis Vuitton TWIST手袋 短靴 BURBERRY 腕表&戒指 CHAUMET

走出家玩要 少年

在雨水节气的 15 天里，我们从“七九”的第六天走到“九九”的第二天，“七九河开八九燕来，九九加一九耕牛遍地走”。这意味着除了西北、东北、西南高原的大部分地区的小伙伴仍处在寒冬之中，其他许多地区正在进行或已经完成了由冬转春的过渡。而南方大部分地区这段时间平均气温在 10℃以上，桃李含苞，樱桃花开，已进入气候上的春天啦。这也正是我们出行、踏青玩要的好时候，如何既穿得时髦轻便又能应对温差，恐怕是“雨水”时节最重要的了。

大地色连帽卫衣+风衣的叠穿，可别小看了运动风的时尚。同色系的卫衣和风衣的组合毫无违和感，搭配绿色短裤和黑色机车靴，层次丰富的造型隔屏散发出休闲街头风，同时更让出行变得很方便，冷可加衣，热可快脱，便捷又百搭。

亮色连帽卫衣搭配牛仔外套，蓝色卫衣搭配红色牛仔外套，红蓝 CP 组合的名气早就大出全宇宙了，下面选择瘦腿裤和小白鞋，助推活力满格，就算是去爬山踏青，也丝毫不会有问题，谁说时髦的都不实用？那只是因为你不够专业~

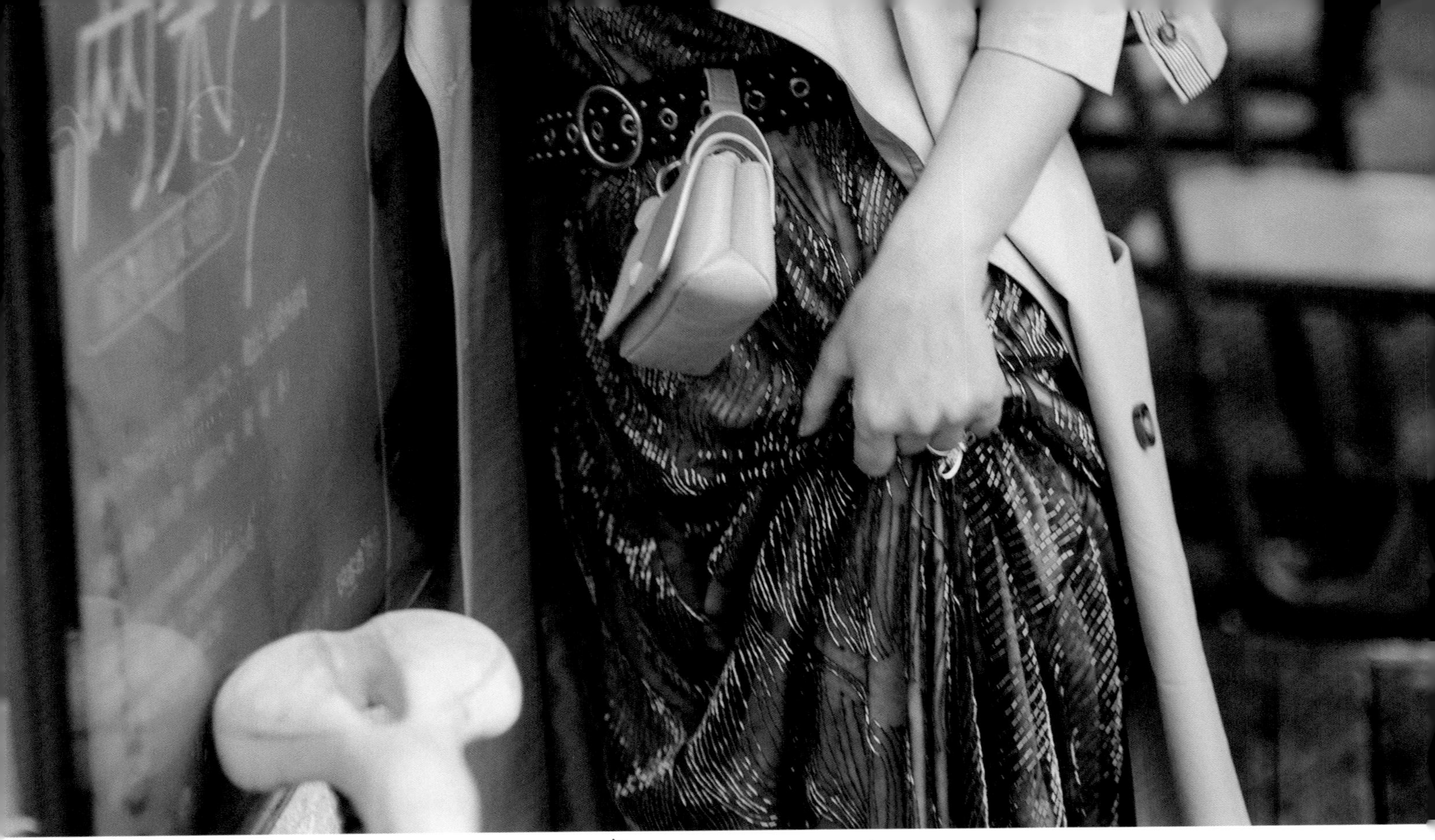

复古长裙配风衣，是春天既保暖，又遮肉，又时髦的搭配方法，当然，我家20是不需要遮肉的，她本人超瘦 :)

cr. 风衣 DO NOT TAG 连衣裙 ARMANI 腰带 Bally 包 DISSONA 项链&戒指 CHAUMET

fig. 韩火火 & 高圆圆

cr.
左 风衣 BURBERRY 卫衣 PEACEBIRD MEN 墨镜 GENTLE MONSTER
右 风衣 DO NOT TAG 连衣裙 ARMANI 腰带 Bally 包 DISSONA 项链&手镯&戒指 CHAUMET

一双眼睛
两条河
花
2017.4

cr. 外套 PEACEBIRD MEN 连衣裙 Tommy Hilfiger 包 TOD'S 项链 CHAUMET

fig. 何穗

cr. 吊带裙 U/TI 卫衣 PEACEBIRD MEN 包 Roger Vivier 腕表&耳环&戒指 CHAUMET

iss.

FB the 6th issue

sect.

雨水

pg.

26

fig.

李媛

cr.

风衣 U/TI 卫衣 fingercroxx from i.t 短裤 MATERIAL GIRL 包 TOD'S 戒指 CHAUMET

fig. 娄艺潇

cr. 外套 DAZZLE 衬衫&裙子 TOPSHOP 包 Saint Laurent

fig. 米露 & 韩火火

cr. 左 外套 Stella McCartney 卫衣 NOIR CONTEMPORAIN 内搭 UNIQLO 裙子 MUSIUM DIV. from I.T 鞋 Tory Burch 耳环 ENZO

fig. 张艺上

cr. 外套 Maje 毛衣&短裤 DNCY 包 Saint Laurent 戒指 ENZO

cr. 毛衣 DKNY 衬衫 MUSIUM DIV. From I.T 短裙 U/TI 包 Gucci 腕表&戒指 CHAUMET

fig. 朱珠

cr.

外套 BALENCIAGA 吊带裙&T恤 U/TI 包：Folli Follie 墨镜 DOLCE&GABBANA 项链 CHAUMET

cr. 外套 REINEREN 连衣裙 U/TI 包 DISSONA 项链&耳环 ENZO

cr. 卫衣&裙子 PINKO 包 CHANEL 手镯&耳环&戒指 CHAUMET

虫子爬上身 并不是恐怖片哦

惊蛰，古称“启蛰”，是农历二十四节气中的第三个节气，标志着仲春时节的开始。此前，动物入冬藏伏土中，不饮不食，称为“蛰”；到了“惊蛰节”，天上的春雷惊醒蛰居的动物，称为“惊”。所以呢，从“惊蛰”开始，小虫、小动物们就开始蠢蠢欲动，逐渐活跃起来，我们不仅可以在草木间找到它们，更可以在时尚精的裙子、衣角、鞋子、包包上“找”到踪迹。先不要尖叫，如何hold住这些小动物，其实很容易。

虫子图案在秀场上大行其道已有好几年，但在实际的穿搭上，如果不想变成让大家都密集恐惧症复发的可怕昆虫箱，就一定记得只把它们作为小配件使用，无论是一只小小的金色甲虫耳钉、领口衣角的蜜蜂图案，还是在包包上的蝴蝶刺绣，都可以成为装饰基本款造型的亮点。在使用昆虫元素的时候，切记不可贪多，只在一个细节上使用，并且搭配无彩色，避免整体造型太过凌乱，变成“花大姐”可就得不偿失了。

fig. 唐艺昕
cr. 毛衣&短裙 Givenchy 包 MICHAEL KORS COLLECTION 耳环&戒指 Folli Follie

EL LOVE
VENCHY PARIS

fig. 江疏影
cr. 外套 Stella McCartney 吊带 MO&Co. 短裙 KARL LAGERFELD 包 DISSONA 耳环 ENZO

cr. 背带裤&T恤 Levi's® 包 TOD'S 鞋 Stuart Weitzman

fig. 宋祖儿

cr. 外套 Givenchy 背心 FORCHEN FORTUNE T恤 UNIQLO 短裤 PINKO 包 Max Mara 手拎包 Mulberry 耳环&戒指 CHAUMET

cr. 外套 BALENCIAGA 吊带裙 CHANEL T恤 LOEWE罗意威 包 Givenchy 手镯&耳环&戒指 CHAUMET

cr. 外套 MARELLA T恤&包 U/TI 裤子 Levi's® 鞋 Bally 耳环&戒指 ENZO

cr. 毛衣 DNCY 吊带裙 CHANEL 包 Gucci 鞋 Roger Vivier

fig. 刘诗诗

cr. 风衣 Givenchy 衬衫裙 Chloé 包 TOD'S 腕表&耳环&戒指 CHAUMET

cr. 外套 Tommy Hilfiger 连衣裙 REINEREN 包 DISSONA 鞋 Roger Vivier 项链&手镯&耳环&戒指 Folli Folie

fig. 宋祖儿

cr. 外套 CELEBEE 卫衣 ANNAKIKI 短裙 FOREVER 21 包 GILLIVO 手镯&耳环 Folli Follie

fig. 王珞丹
cr. 外套 PEACEBIRD MEN T恤 VETEMENTS by NET-A-PORTER 裤子 DO NOT TAG 包 Gucci 耳环 CHAUMET

fig. 朱丹

cr. 外套 MO&Co. 背心&裤子 U/TI 包 Proenza Schouler from NET-A-PORTER 帽子 PEACEMINUSONE 项链&耳环&戒指 ENZO

fig. 周丽淇

cr. 外套&裙子 PINKO 背心 Edition10 针织衫 CHABER C+ 包 Proenza Schouler from NET-A-PORTER 鞋 HOGAN 耳环 ENZO

cr. 外套&T恤&裤子 FORCHEN FORTUNE 包 GILLIVO 墨镜 Alexander McQueen 耳环&戒指 Folli Follie

cr. 外套 fingercroxx from i.t 针织衫 Tory Burch 裤子 LOW CLASSIC from i.t 包 Bally 帽子 PEACEMINUSONE 耳环&戒指 ENZO

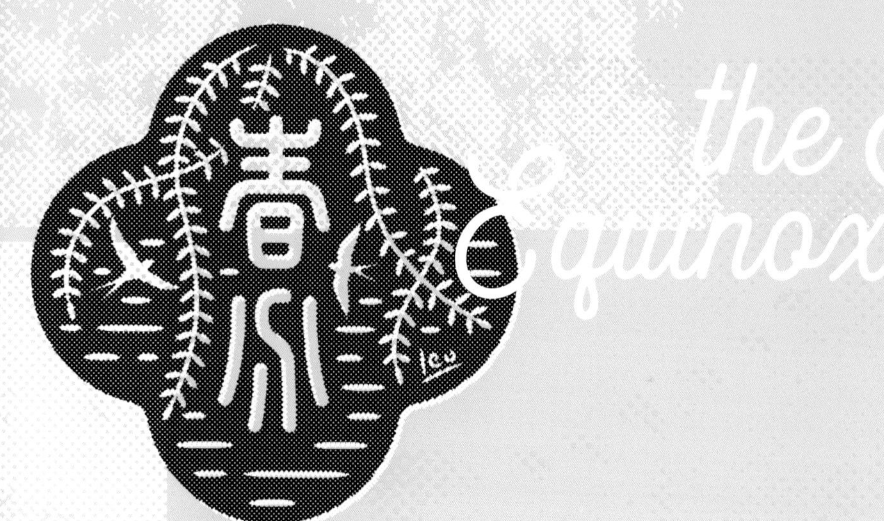

卫衣 廓形上衣 这是个选择题吗?

春分,乍暖还寒的时候,是活力值开始蹿升的时节,也是从这天开始,白昼开始比夜晚更长,可以出去玩耍的时间长了,更让时装精们早就开始躁动的内心再也无法被压抑,拼命想要秀出马甲线、“漫画腿”。从春分开始“作”是不错的选择哦!

卫衣是一年四季稳站时尚舞台的熟面孔,随意一件卫衣就能隐藏年龄,何况是一件印花卫衣搭配俏皮小短裙,更是瞬间重返16岁。同时,少女们还可以尝试搭配一个小号的斜挎包,色彩选择高饱和度,绝对能帮你提高回头率。

廓形上衣也是春分的“专属单品”,对于“苹果型”身材的妹子来说更是救星一般的存在,裹了一冬的游泳圈用宽松的廓形上衣遮住,搭配窄版长裙或修身长裤,只留出腿部线条给人遐想的空间,营造纤细的“错觉”。

Get卫衣与廓形上衣选色技巧让青春力满格。蓝白或黑白都是经典的CP色,抢眼的亮黄色也在呼应春分时节。如果只能买一件新衣给春天,我选择给亮黄色的廓形上衣打Call!谁让我有肉还爱美呢……

 | fig. 李小璐 | cr. 卫衣 PEACEBIRD MEN 短裙 VEGA ZAISHI WANG 包 Valextra 耳环 CHAUMET

puppy!

fig.
周丽淇
cr.

衬衫 Chrisou by Dan T恤 UNIQLO 裤子 Weekend Max Mara 包 LOEWE罗意威 项链 CHAUMET

fig. 张雪迎

cr. 外套&T恤 Levi's® 吊带裙 Topshop Unique by NET-A-PORTER 包 TOD'S 项链&耳环 Folli Follie fig. 杨祐宁

cr. 外套 Tommy Hilfiger T恤&鞋 Givenchy 裤子 PEACEBIRD MEN 包 TOD'S

fig. 刘诗诗

cr. 外套 BALENCIAGA T恤 PEACEBIRD MEN 短裙 DNCY 包 TOD'S 项链&戒指 CHAUMET fig. 杨幂 & 韩火火

cr.
左 卫衣 PEACEBIRD MEN 内搭 DO NOT TAG 短裙 Esteban Cortazar from JOYCE 包 TOD'S
右 卫衣 PEACEBIRD MEN 内搭 DO NOT TAG 裤子 YoshioKubo 帽子 And Wander 墨镜 RayBan

如果觉得"全黑"太沉闷，
就用亮色配饰来点缀吧！

iss. FB the 6th issue
sect. 春分
pg. 66
fig. 朱丹
cr. 卫衣 Gucci 内搭 UNIQLO 裙子 U/TI 包 Folli Follie 耳环&戒指 ENZO

cr.

外套 DNCY T恤 MOSCHINO 裙子 KEEPSAKE 包 GILLIVO 戒指 CHAUMET

我想在晨跑的时候遇到意中人

清明，现在有了小长假，出去玩耍绝对不能少了好看的 Look！同时，天气越来越暖和，正是增加户外运动、跑跑步的好时候。即使“清明时节雨纷纷”你也不必“欲断魂”，伴着一点儿细细的雨丝，在晨跑中遇到意中人，也不是不可能哦！玩好帽子与运动鞋的轻运动风搭配，专属这个时节的 Style 就能轻松搞定了。

偶遇意中人攻略 1：色彩明亮的卫衣，搭配黑色紧身运动裤或者网球短裙，重点是在出门的时候能够顺利甩出长腿的剪影，性感又休闲得不像话。在衣橱中挑出与卫衣颜色相近的棒球帽，让颜色在视线中更和谐，再追加一双经典小白鞋，就能意外地让你减 5 岁！

偶遇意中人攻略 2：如果担心亮色上衣会有显胖的效果，那么就选择全身黑色或深灰的运动 Look，同样是瘦腿裤，而在鞋子上选择惹眼的荧光色，估计不光能引起你的意中人的注意，就算在山里迷路，来救援的警察叔叔也可以更快地发现你呢！【微笑脸（请大家不要学习那些私自爬野山，然后给警察叔叔添麻烦的同学哦！）】

cr. 卫衣 Monki 裙子 BABYGHOST 包 TOD'S 耳环 ENZO

iss. FB the 6th issue | 清明 | pg. 72 | fig. 林允 | cr. 外套 Claudie Pierlot T恤 UNIQLO 吊带裙 CHANEL 包 MOSCHINO 戒指 ENZO

cr. 外套 BALENCIAGA 风衣 Marni T恤 PEACEBIRD MEN 裤子 Levi's® 包 TOD'S 项链&戒指 CHAUMET

fig. 热依扎

cr. 外套 Saint Laurent 连衣裙 Claudie Pierlot 包 Givenchy 帽子 Gucci 耳环 Folli Follie

fig. 张慧雯

cr. 吊带裙 U/TI T恤 3.1 Phillip Lim from Lane Crawford 腰间卫衣 BURBERRY 包 TOD'S 腕表&戒指 CHAUMET

fig. 弦子

cr. 外套 SPORTMAX T恤 DO NOT TAG 裤子 Levi's® 包 Gucci 鞋 ETRO 帽子 SHINE LI 项链&耳环&戒指 CHAUMET

fig. 金大川

cr. 外套&裤子 Giorgio Armani T恤 PEACEBIRD MEN 戒指 CHAUMET

终于可以露一点儿肉了 只是一点儿哦

“清明断雪，谷雨断霜”，意味着寒潮天气终于结束，爱美的小妖精们，终于可以稍微露一点儿肉了。请记住只是稍微哦！因为，谷雨节气后降雨增多，空气中的湿度逐渐加大，即便柳絮飞落，杜鹃夜啼，牡丹吐蕊，樱桃红熟，也依旧不该忘记了“春捂秋冻、小心湿气”的老中医叮嘱，那么利用“小面积露肌”，一起来打造你的健康春日造型吧。

暖白色永远都是经典的色系，但是一身纯白难免会单调乏味。一半针织、一半镂空衬衫的叠穿，“不好好穿衣”的造型现在最流行。衬衫上的镂空透纱，把白色的格调提升了 N 个档次。

清新的蓝色太适合春夏交接的谷雨时节了，浅蓝色衬衫搭配牛仔蓝开衩长裙，同色系造型，利用深浅划分层次又毫无违和感。一字肩上衣微微露出肩部的柔美线条，再加入一点儿多层次的荷叶边设计，超适合小可爱们的气质。

小可爱们还可以尝试在裙摆或裤脚加上一些毛边的元素，既可以凸显“小面积露肌”的春日宗旨。飘来飘去的毛边，更能模糊视觉中心，遮挡那些有肉的部分，帮助还没把冬天赘肉减掉的宝宝们平稳度过春季。

fig. 李沁

cr. 毛衣&衬衫裙 BURBERRY 包 Saint Laurent 鞋 ASH 戒指 ENZO

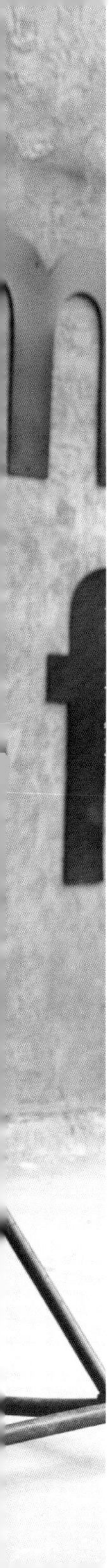

针织、配蕾丝，
女神款斜肩配衬衫，
简约却并不无聊。

fig. 李沁

cr. 外套 Sandro T恤 The Fifth Label 短裙 DO NOT TAG

fig. 弦子

cr. T恤 Tory Burch 裙子 Bottega Veneta 包 DISSONA 腕表&手链&耳环&戒指 ENZO fig. 金大川

cr. 衬衫 Ralph Lauren T恤 BURBERRY 裤子 PEACEBIRD MEN 包&鞋 TOD'S 腕表&戒指 CHAUMET 雨伞 BANANA UNDER/蕉下

fig. 热依扎

cr. 衬衫 COMME MOI 裙子 MO&Co. 包 Roger Vivier 戒指 ENZO

cr. 外套 TOPSHOP 连衣裙 U/TI 包 Bottega Veneta 帽子 Gucci 项链&耳环 ENZO

fig. 杨幂
cr. 外套 TOPSHOP T恤 Levi's® 裙子&包 CHANEL

Levi's

fig. 弦子

cr. 外套 DNCY 连衣裙 SPORTMAX 短裤 AllSaints 包 Folli Follie 鞋 ETRO 帽子 Gucci 腕表&手链&耳环 CHAUMET

腿不够长 热裤帮忙

立夏，是夏天的开始，时装精们早就迫不及待，要用美腿、小蛮腰刷街了。这个时节正式开启热裤模式，作为时尚圈元老级时髦单品，从材质到款式，再到图案，很难一口气列举完，但只有选对款式，才能从撞衫灾区的热裤 Look 中脱颖而出。夏天没有什么是一条热裤解决不了的，如果有，那就再来一打！

对自己的身材有顾虑的妹子可以尝试深色基础款，硬挺材质、简单纯色的热裤，或者选深色牛仔毛边做旧效果的，简洁的款式可以弱化臀部、大腿的视觉，搭配有设计感的上衣抢走注意力，放心，没人会盯着你的腿看了。

热裤才不是扁平身材的克星，扩张臀部视觉的款式就很适合你。臀部缀有印花或者刺绣款式的热裤，就有放大镜的效果，可以增加臀部的膨胀感。有了热裤的印花装饰，上衣选择纯色简洁或同元素印花来迎合短裤的设计都可以。

拥有自信身材的妹子，热裤的款式对于你来说就毫无界限了，不妨尝试时下最夯的复古元素，20 世纪 40 年代的亮片或 70 年代的皮革元素热裤，高级的性感穿法，绝对是惹人艳羡的节奏。

fig. 马思纯

cr. 外套&短裙 DOLCE&GABBANA T恤 DO NOT TAG 包 TOD'S 鞋 Stuart Weitzman

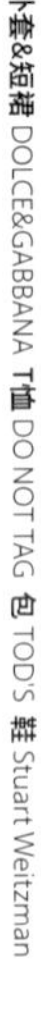

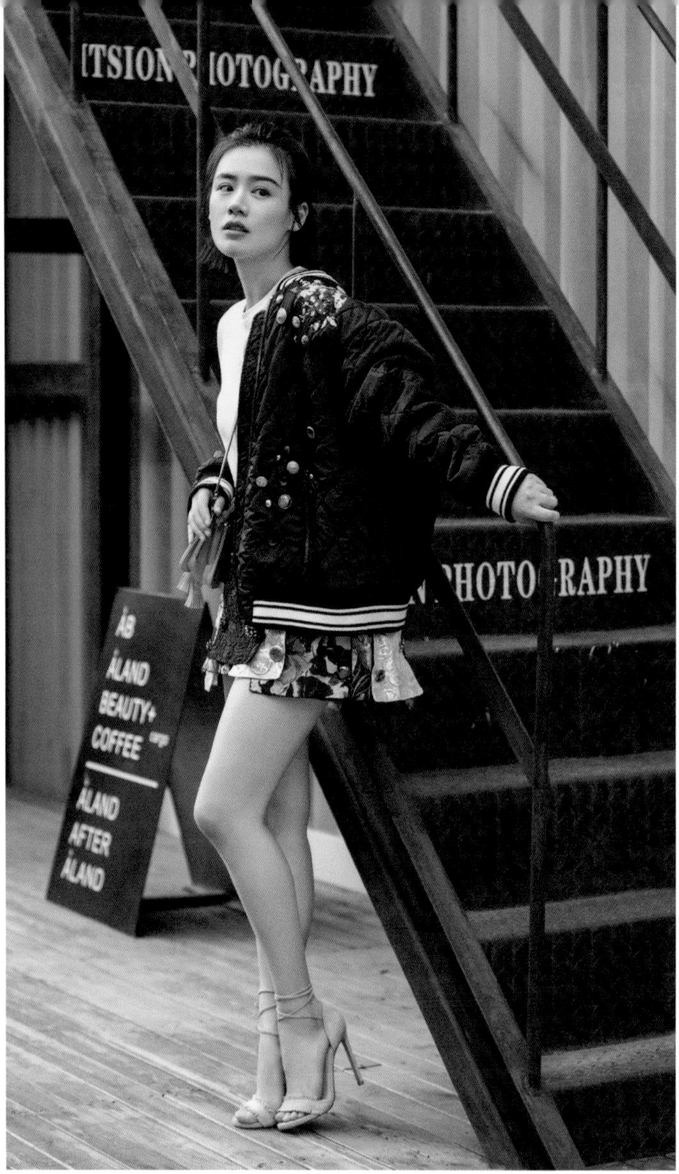

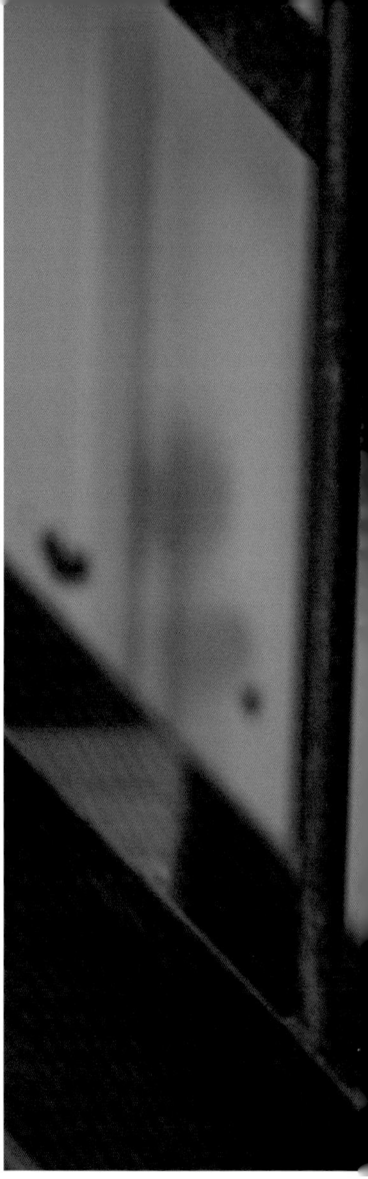

纯纯身上这个Look很好地演绎了“繁与简”，印花复杂的迷你裙，配印花中提取的纯色夹克，又用浅肤色配饰串联并不干预整体。一句话，一个Look，一个重点就够了，而落实在这套上，是裙子！

cr. 毛衣 LACOSTE 内搭 DO NOT TAG 裤子 MAX&Co. 包 Roger Vivier 眼镜 The Owner 耳环 Thing In Thing

fig. 迪丽热巴

cr. 外套&T恤&短裙&包&耳环 DOLCE&GABBANA 鞋 Stuart Weitzman

fig. 宋妍霏

cr. 针织衫 COMME MOI 裙子 Prada 包&手镯&耳环 Folli Follie 鞋 Vans 帽子 DO NOT TAG

iss.

sect.
立夏

pg.
104

fig.
尚雯婕

cr.
外套 MO&Co. T恤 MOSCHINO 裤子 Levi's® 包 Roger Vivier 项链&戒指 ENZO

fig. 苗苗
cr. 外套 Levi's® T恤 GROUND ZERO 短裙 MISS SIXTY 包 FENDI

fig. 张碧晨

cr. T恤 Gucci 短裤 Chloé 手拿外套 BALENCIAGA 包 Salvatore Ferragamo 帽子 Sei Carina Y

fig. 张碧晨
cr. 外套 MO&Co. T恤 Off-White from I.T 腕表&手链&戒指 Folli Follie

cr. 衬衫 Chloé 短裤 MATERIAL GIRL 包 TOD'S 戒指 ENZO

fig. 杨幂
cr. 外套&衬衫 Gucci 短裤 Levi's® 包 Saint Laurent

fig. 胡冰卿

cr. 外套 DAZZLE T恤 MISS SIXTY 短裤 Unravel 包 Prada 帽子 13MONTH 戒指 ENZO

fig. 马苏

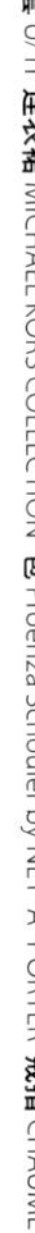

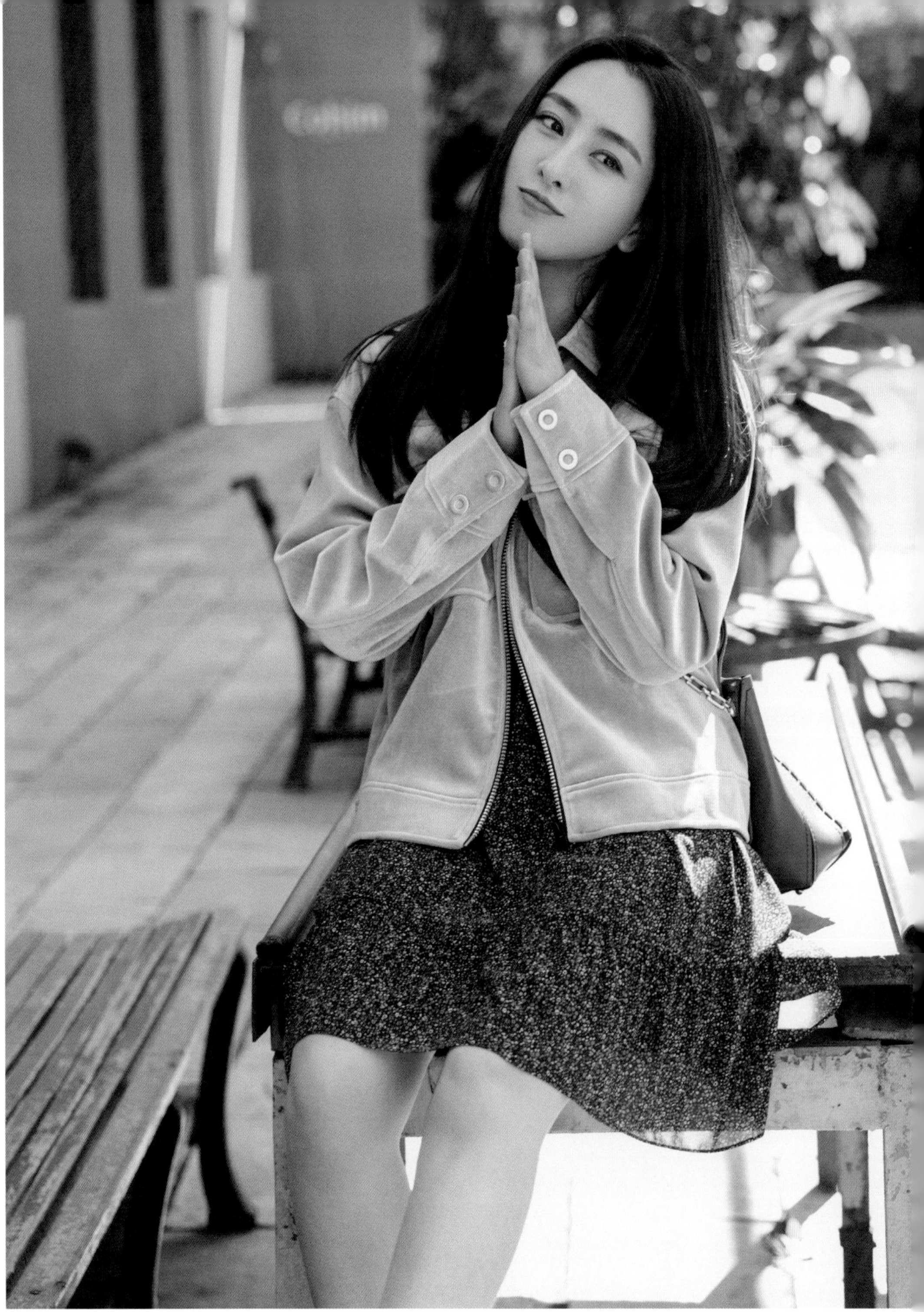

cr. 外套 U/TI 连衣裙 MICHAEL KORS COLLECTION 包 Proenza Schouler by NET-A-PORTER 戒指 CHAUMET

fig. 宋祖儿

cr. 卫衣 Stylenanda from i.t 衬衫 SPORTMAX 短裙 Givenchy 包 Folli Follie 耳环&戒指 ENZO

cr. 风衣 IMMI T恤 DO NOT TAG 短裤 MO&Co. 包 Roger Vivier 帽子 BALENCIAGA 手链&戒指 ENZO

iss. FB the 6th issue
sect. 立夏
pg. 118
fig. 齐溪
cr. 外套 Stella McCartney 裤子 DNCY 包 DISSONA 眼镜 The Owner

fig. 高圆圆
cr. 毛衣 Bally 连衣裙 DNCY 包 Roger Vivier

我的长袖子里没藏暗器放的是时尚经

小满，到了一年中雨水最多的时节，天气冷暖不定，一件长袖薄款外套就可以搞定所有小满造型。（敲黑板） 想要个性前卫的小姐姐们，长袖外套要抓住“超长袖”这个特点哦。现在，时尚圈就流行这种剑走偏锋的设计，袖子不安分，非得长一截，潮人们早就甩着袖子出街了。

对于超长袖，喜欢的人爱到不行，不敢尝试的人也是不理解，时尚圈在搞什么鬼？来，想要尝试的妹子，这几个选款和搭配的小技巧拿走，不谢。

最常见的单品：衬衫，超长袖穿搭初级者最适合的单品。黑白条纹经典，红白条纹抢眼，蓝白条纹清爽，超长袖款衬衫，宽大的袖子窜风，清凉度满格。搭配黑色皮质长裙，身型立即被修饰，别致的开衩设计又透出几分女人味。再加上小白鞋的舒适，随性瞬间散发。

看似不正经的长袖设计放在过于严肃的西装上，一秒变得拉风又有型，让西装也能街头感十足。超长袖还有一个最大的人见人爱的优点：袖子长及大腿，视觉上腰线自然上移，内搭就尽量选择露脐短上衣和毛边热裤，除了袖子其他的单品只要够短，一眼望去就只剩腿了。

fig. 杨颖 Angelababy & 韩火火

cr.
左 衬衫 Nina Ricci T恤 DO NOT TAG 裙子 MICHAEL KORS COLLECTION 包 Christian Dior
耳环 Thing In Thing
右 外套 Givenchy T恤 DO NOT TAG 裤子 Yoshiokubo 墨镜 RayBan

黑白红是永不会过时的搭配，
无论是纯色还是Baby身上的条纹。

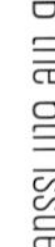

fig. 陈燃

cr. 外套&针织衫 Max Mara 包 FURLA 耳环 Folli Follie

cr. 衬衫 PENNYBLACK 包 TOD'S 项链 CHAUMET

cr. 外套&T恤&包&短靴&耳环 DOLCE&GABBANA 短裤 DO NOT TAG

30

fig. 黄景瑜

cr. 外套&短裤 Gucci 卫衣 Juun.J from JOYCE 帽子 DO NOT TAG

cr.
外套 NicoleZhang T恤 PEACEBIRD MEN 短裤 G-Star RAW 包 Valextra 耳环&戒指 ENZO

fig. 江疏影

cr. 衬衫&短裤&包 Chloé 腰带 TOD's

fig. 马思纯

cr. 外套&短裤 IMMI T恤 PEACEBIRD MEN 包 DISSONA

cr. 衬衫 MARELLA 裙子 iBLUES 包 Givenchy 帽子 13MONTH 戒指 CHAUMET

fig. 王鸥

cr. T恤 PEACEBIRD MEN 裤子 Champion 手拿外套 Levi's® 包 Givenchy 腕表&手镯 CHAUMET

cr. 卫衣&裙子 U/TI 包 Chloé by NET-A-PORTER 鞋 Vans 帽子 DO NOT TAG 耳环 CHAUMET

cr. 外套 DO NOT TAG 短裤 Levi's® 包 FENDI 项链 CHAUMET

我的不对称裙子才不是随手撕出来的

芒种，“艳阳辣辣卸衣装，梅雨潇潇涨柳塘。南岭四邻禾壮日，大江两岸麦收忙。”越来越有热度的6月，穿着也越发轻薄随性，想要跳脱出人群，就要点儿小技巧摆脱基础款：最佳选择便是不对称设计。

不对称设计既能给夏日轻薄的衣服注入新鲜感，更是修饰身型的利器，小姐姐们可不要以为这是我自己随手撕出来的哦！它可是有历史渊源的——自20世纪50年代意大利着手制作高级时装之后，纱丽风格的半肩晚礼服裙开始流行，去一趟舞会，女人们不再清一色穿着平整对称的齐肩，而是将不对称的剪裁视为时髦的象征。约莫又过了十年，以玛丽·奎恩特为代表的伦敦新锐设计师，开始将女性的衬衫、夹克套装做出令人眼前一亮的参差剪裁。从此以后，无论裤装裙装，一边长一边短，这样的“残次品”反而越来越受欢迎了。

不规则设计半裙是初学者尝试的首选，纯色上衣加简单的细高跟鞋，就是最好的搭配。裤装丽人不必担心，即使是基本款的衬衫，只要将一侧掖进裤子，就能一秒将死板OL装变身不对称穿衣的潮范儿少女Look，简单又实用。“五花八门”的不对称设计，就是要你每天都不一样！

cr. T恤&裤子 PEACEBIRD MEN 包 Gucci 袜子 VETEMENTS 手链&戒指 Folli Follie

SKATE NO LIFE

cr. **连衣裙** FINDERS X LINDA LI **T恤** DO NOT TAG **短裤** Finders **包** TOD'S **颈饰** 陈妍希 X 故宫文化珠宝跨界联名款 麒鹿衔芝 **手链&耳环&戒指** ENZO

永远不要小看一件白Tee的作用，
无论连身裙，或各种各样的上身，一件白Tee都是
穿出层次的神物。

cr. 外套&裤子 MO&Co. 包 Chloé by NET-A-PORTER 戒指 CHAUMET

cr.
连衣裙 ALEXANDER.T.ZHAO T恤 DO NOT TAG 包 Saint Laurent 鞋 Vans

fig. 张梓琳

cr. T恤 TOPSHOP 裤子 MO&Co. 包&鞋 Roger Vivier 手镯&耳环&戒指 Folli Follie

cr. 连衣裙 V by VEGA ZAISHI WANG 腰间外套 Bally 包 GILLIVO 手链 CHAUMET

cr. 衬衫 Vinci Zhang 裙子 JINNNN 包 MOYNAT 耳环&戒指 CHAUMET

fig. 张梓琳

cr. 衬衫 IMMI 连衣裙 Sandro 包 CÉLINE 鞋 Roger Vivier

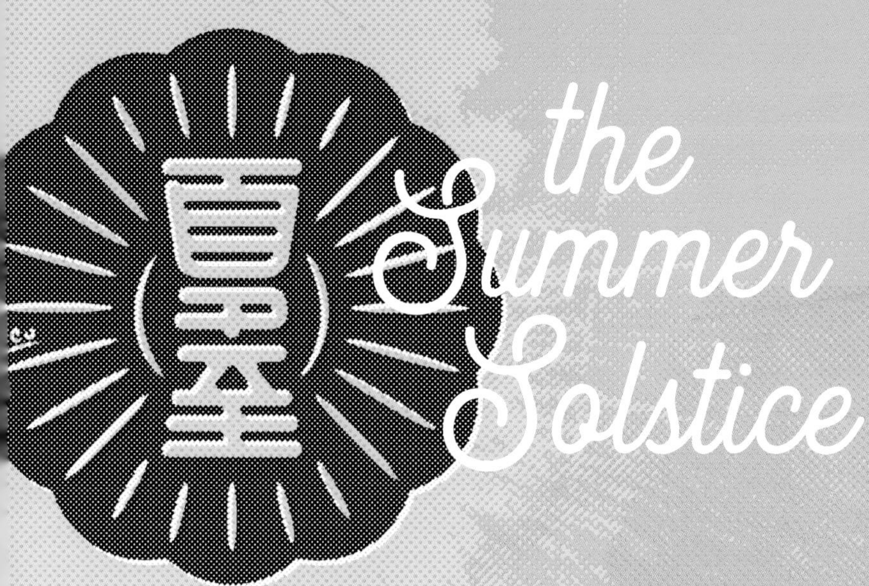

换个颜色就能降温 10℃

夏至是“夏九九”的第一天，预示着酷暑即将到来，如何从那些穿着暴露的“小妖精”中脱颖而出，穿得优雅又凉快，赢得漂亮，则是最令人头疼的问题。贴心的老中“衣”上线，夏至可以玩把色彩战：清爽沙冰色或极简黑白色，都是“降温”的好帮手。你站哪一色？

白色的清新总能跟夏天联系在一起，而黑色自带令人“冷静”的酷感属性，即使在烈日炎炎的夏天，它俩都能强势把你带入“心静自然凉”的境界。白色直线条的连衣裙，搭配黑色廓形西装外套，经典的造型干练潇洒，同时更能帮你应对写字楼内外的温差，时刻保持完美风度。

同样的降温神器则是沙冰色，冰蓝、粉绿都是夏日必备的首选颜色，宝贝们可以根据自己的肤色选择。冰蓝色更适合皮肤较为白皙的姑娘，而肤色偏暖的话，则可以加入一些柠檬黄和桃粉，适当的暖色调倾向，与肌肤的颜色对比会更和谐。

fig. 宋妍霏

cr. 外套 NicoleZhang T恤 Chrisou by Dan 短裤 MO&Co. 包 CHANEL 项链&耳环 Folli Follie

CC身上这套最重要的搭配要点，
就是色彩的选择和混搭，西装和Tee的颜色，
包上都有，因此很有整体感。

fig. 尚雯婕

cr. 外套 Stella McCartney 短裤 MO&Co. 包 TOD'S 项链&戒指 ENZO

fig. 陈冰

cr. 衬衫&裤子 Levi's® 包 MICHAEL KORS COLLECTION

cr. 马甲 T by Alexander Wang 卫衣&短裙 Givenchy 包 Gucci 鞋 Stella Luna 袜子 VETEMENTS 腕表&手镯 CHAUMET

fig. 宋妍霏

cr. 外套 NEIL BARRETT 衬衫裙 3.1 Phillip Lim 包 DISSONA 手链&耳环&戒指 ENZO

fig.
王紫璇
cr.
T恤 DO NOT TAG 裙子 U/TI 腰间卫衣 C.JYAO 包 TOD'S 帽子 AKOP. 手链&耳环 Folli Follie

fig. 张慧雯

cr. 吊带裙 LE FAME T恤 PEACEBIRD MEN 包 Christian Dior 鞋 Roger Vivier

就是有态度
这是 Slogan Tee 的专属时节

小暑时节，全国进入烧烤模式，走一小段就能走出跑马拉松般的出汗效果，怎么穿得凉爽还能美得有态度？白色的一件 Slogan Tee 搭配热裤或裙子，就绝对是自带态度的好单品。但是为什么人们要放着好好的纯色 T 恤不穿，一定要写一句标语才开心？话说，在互联网时代之前，Slogan Tee 就已经成为年轻人表达观点和态度的重要媒介之一。而摇滚乐的兴起更是对 Slogan Tee 的流行起到了推动作用，使它迅速成为了美国年轻人炙手可热的单品。20 世纪末，这种文字艺术与时尚结合在一起，让年轻人找到了自我宣扬的出口，以纽约 Studio 54 为代表的摇滚聚集地充分展现了人们的表达欲，而 Slogan Tee 所具有的社交传播属性也正好为“圈子文化”提供了温床。

那么，你的 Slogan Tee 穿对了吗？

如果是平板身材，请任性“白”到底。白色穿搭最为清凉，但白色的些许膨胀感，对于平板身材的妹子来说，却是改善问题的解药。无袖 T 恤解放了纤细胳膊，白色阔腿裤将轻微的膨胀感延续到脚踝，打造恰到好处的丰盈视觉。

T 恤与长裙，拯救“象腿星人”。粗壮的小腿来不及减去，那就把它遮住吧，用一点儿时尚障眼法轻松 Get 显瘦效果。无彩色 Slogan Tee 让上身的纤细线条展露无疑，聚焦视线。搭配的长裙卡在了腰部最瘦的点，遮住粗壮的小腿，露出最纤细的脚踝，分分钟展现“瘦美星人”障眼法。

亮色 T 恤，让“霍比特人”变身超模。想要有大长腿的姑娘，不妨选择颜色明亮的款式，将视觉的重心转移到上身，再搭配一件深色系的高腰长裙，提高腰线打造黄金分割比例，小姐姐们 Get 了吗？

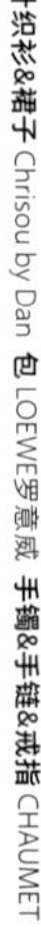

fig. 李小璐
cr. 针织衫&裙子 Chrisou by Dan 包 LOEWE罗意威 手镯&手链&戒指 CHAUMET

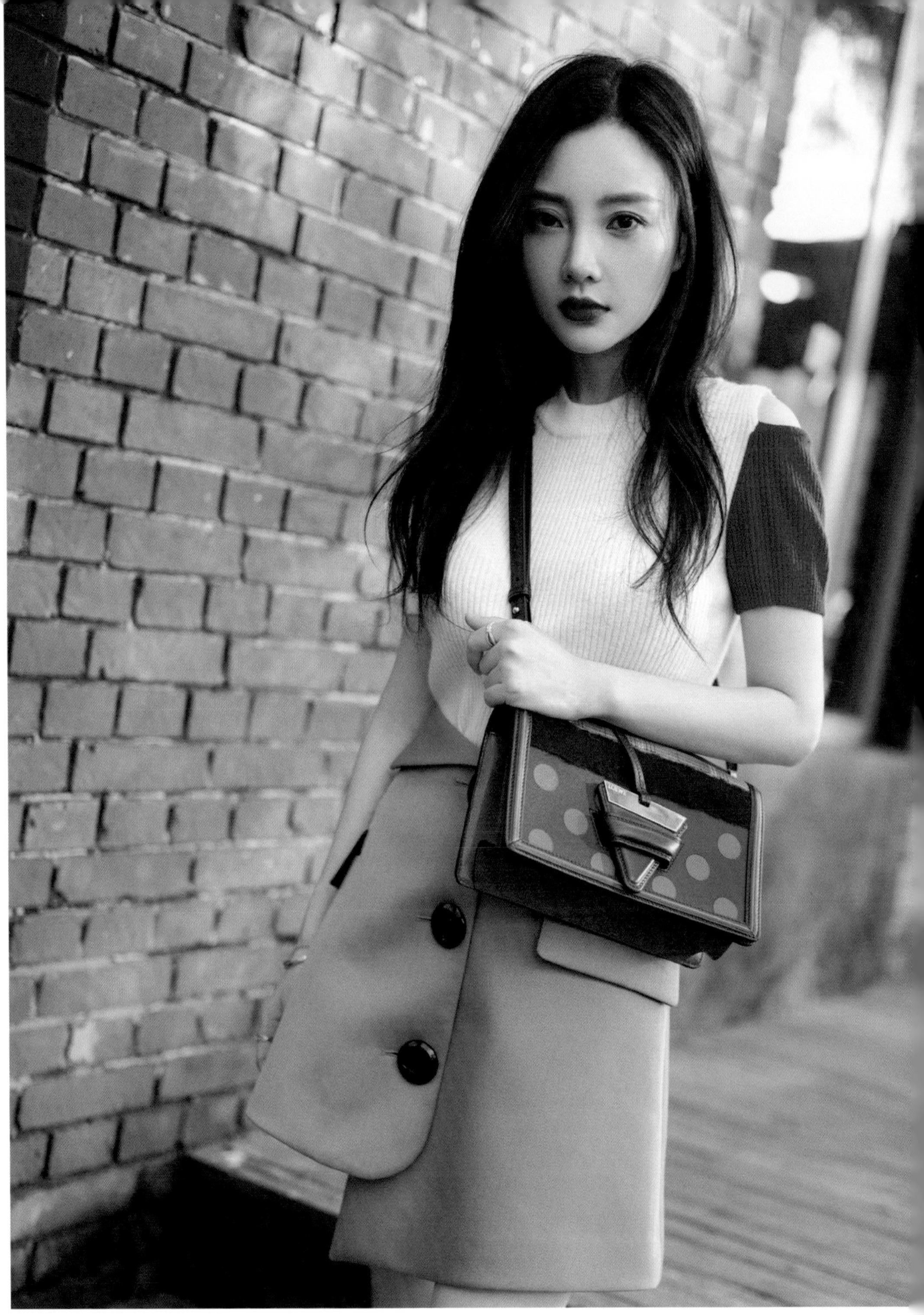

cr. T恤 DNCY 短裙 TOPSHOP 包 TOD'S 鞋 Vans 项链&手链&耳环 Folli Follie

cr. 衬衫 Monse by NET-A-PORTER 短裙 ISERIES 包 Gucci 戒指 Folli Follie

fig. 陈冰

cr.

T恤 TOPSHOP 短裤 MO&Co. 腰间外套 Claudie Pierlot 包 Bottega Veneta 鞋 Vans 手链&耳环&戒指 ENZO

cr. T恤 U/TI 帽子 13MONTH

fig. 舒畅

cr. 连衣裙 DKNY T恤 PEACEBIRD WOMEN 包 Gucci 鞋 HOGAN 腕表&手链&耳环&戒指 CHAUMET

fig. 舒畅

cr. T恤 GROUND ZERO 裙子 MO&Co. 包 DOLCE&GABBANA 帽子 DO NOT TAG 项链&手链&戒指 CHAUMET

fig. 王紫璇
cr. 连衣裙 DNCY 包 Roger Vivier 帽子 13MONTH 耳环 Thing In Thing

用层次繁复的荷叶边上衣配简约的铅笔裙，仅两件，就足以诠释夏日的对比反差。

iss.
FB the 6th issue

sect.
小暑

fig.
谭松韵

cr.
T恤&短裤 Levi's® 包 Givenchy 耳环 ENZO

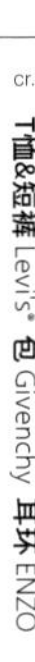

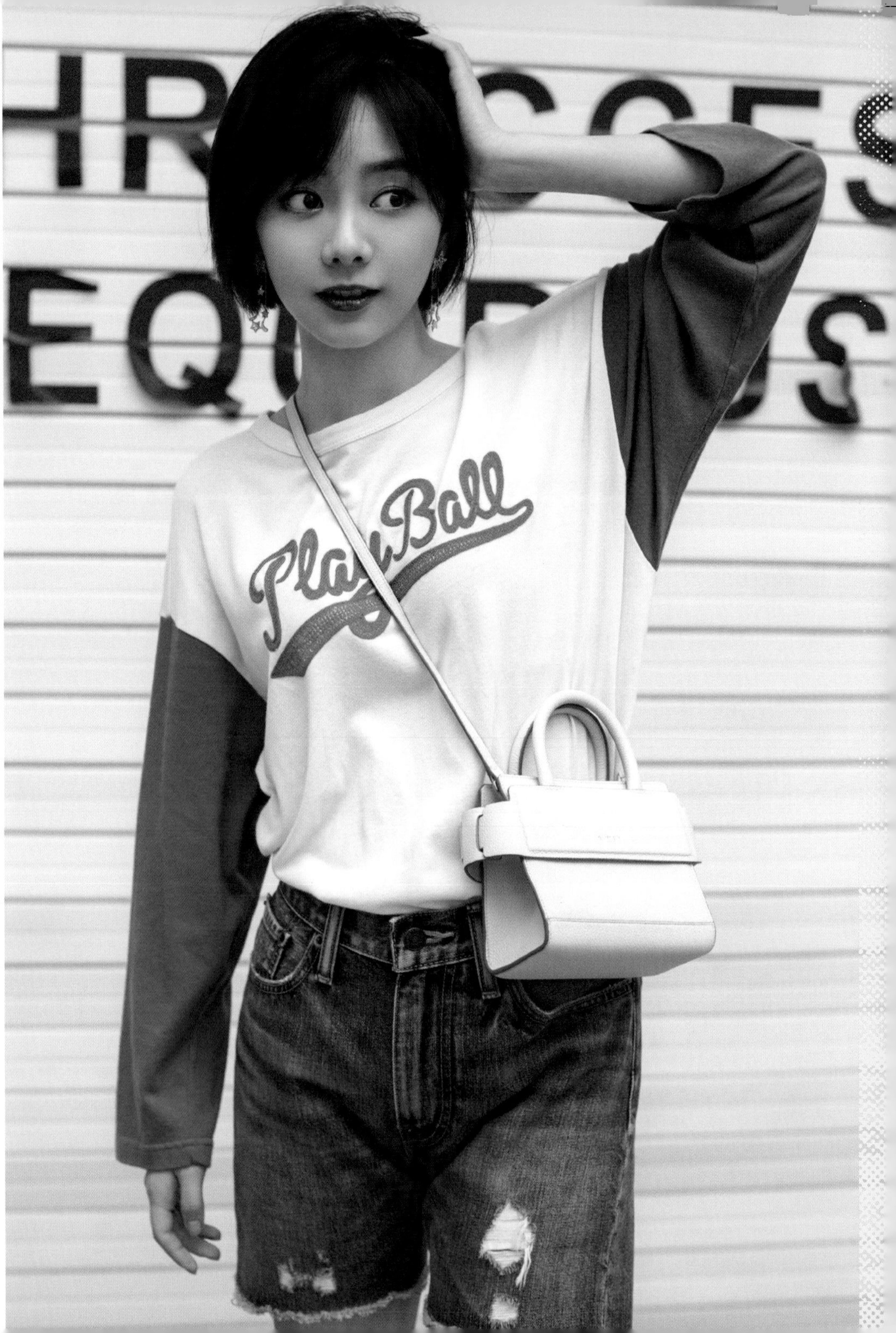

你当烤肉 我当“彩虹小仙女”

大暑之后，就正式进入了烧烤模式，有时恨不得自带孜然加点儿料！爱美的小伙伴们总会抱怨能够用来凹造型的单品太少，裸奔又不太好（只是不～太～好～吗？），其实大暑也很委屈啊！拯救夏日衣橱还是有技巧的：叠穿和色彩的视觉冲击，就能摆脱基础款。

穿得少不如穿得好，穿腻了夏日简单的白 T 恤配短裤，叠穿法则给你一个跳脱出人群的机会。基础款衬衫或者 T 恤，叠穿一件材质完全不同的皮质吊带裙，瞬间穿出 1+1>2 的理想效果，层次感与时髦感瞬间飙升。

心机 Tips：这种搭配是隐藏腰部或大腿肉肉的最好方法，来不及减肥，叠穿的显瘦方法可是立竿见影哦！

高饱和度色彩，拯救“苦夏”没胃口。白衬衫衣角飘飘的年代已经过去了，现在可都是“好色之徒”，要来点儿高饱和度才能出彩！颜色一定要根据自己的肤色来选，暖色调的“热辣美眉”选择甜橘色鹅黄色最能搭配出活力四射的少女感，而肤色为偏冷的姑娘，可一定要以有降温效果的冰蓝色、宝石绿为主。如果穿错了，则会变成肤色晦暗的“灰姑娘”，还是变不了身的那种。

cr. 吊带裙 DNCY 衬衫 Ports 1961 T恤 DO NOT TAG 包&鞋 Roger Vivier 腕表&耳环 CHAUMET

内衣外穿，不是要你真的把内衣穿到街上，
而是这种很适合夏天的穿搭方式。

cr. 衬衫&包 Chloé 短裙 Finders 颈饰 陈妍希 X 故宫文化珠宝跨界联名款 麒麟衔芝 腕表&耳环 Folli Follie

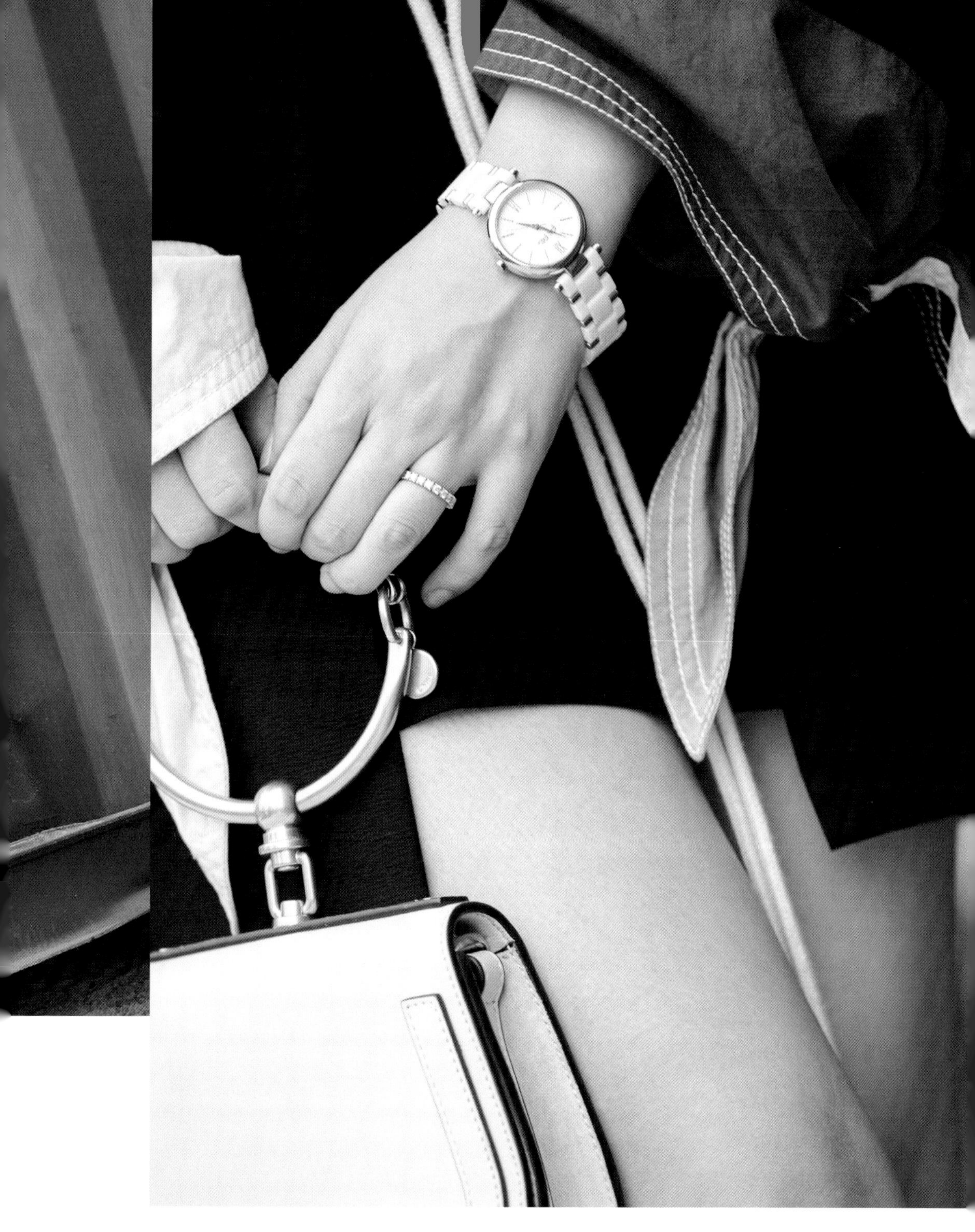

iss.
FB the 6th issue

sect.
大暑

pg.
178

fig.
秦岚

cr.
衬衫 MATERIAL GIRL 裤子 DKNY 包 Gucci 项链&手链&耳环&戒指 ENZO

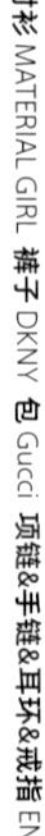

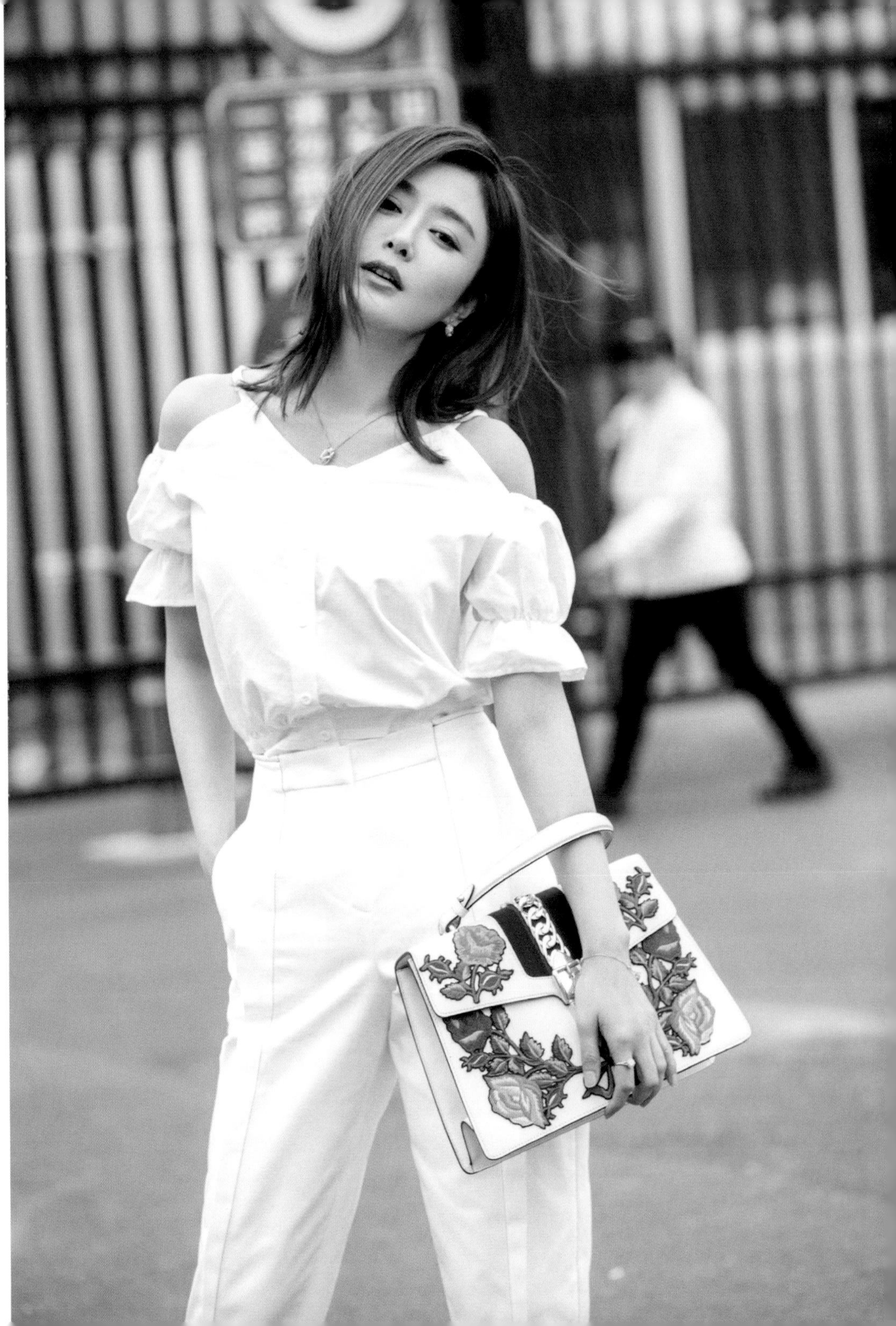

cr. 吊带裙 U/TI T恤 PEACEBIRD MEN

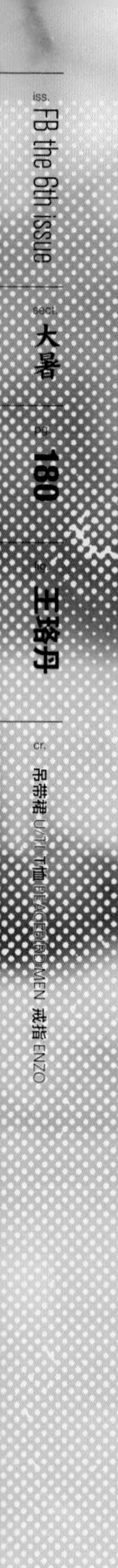
iss. FB the 6th issue
sect. 大暑
pg. 180
by 王珞丹
cr. 吊带裙 U/TI T恤 PEACEBIRD MEN 戒指 ENZO

fig. 张碧晨

cr. T恤 MO&Co. 裙子 Givenchy 包 Folli Follie 手链&戒指 ENZO

fig. 王珞丹 & 韩火火

cr. 左 背心&珍珠内搭 Givenchy T恤 DO NOT TAG 裙子 LANVIN 包 Christian Dior 帽子 SHINE LI 腕表&手链 CHAUMET

ic

cr. 衬衫 DOLCE&GABBANA 短裤 Levi's® 包 Bally

fig. 杨颖 Angelababy

cr. 衬衫 Off-White from I.T T恤 VETEMENTS by NET-A-PORTER 短裙 MISS SIXTY 包 Christian Dior

fp. 杨颖 Angelababy

cr. 衬衫 Off-White from I.T 包 Christian Dior

衬衫 Ports 1961 T恤 DO NOT TAG 短裤 ZARA 包 DISSONA 帽子 PEACEMINUSONE 手链&戒指 ENZO

the Beginning of Autumn

悲什么秋 不如做个暖妹子

立秋，标志着秋天的开始。在如此美妙的时节，悲什么秋？不如用自带秋天标签的暖色系武装自己，做个暖妹子吧。来来来，划重点：Pantone 每年都会发布流行色，今年秋冬，主打云杉墨绿、奶油朗姆酒棕、辣油红这些"暖心"的秋季流行色。拿下这几种看上去既温暖又百搭的颜色，再也不用担心秋天的内心小伤感了。

辣油红，是以大地褐为底的红色，别看这名字有种火锅底料的奇怪感觉，但这个颜色像极了秋季夕阳的颜色，迷人、高贵又带有几分性感的成分，自带高级感但不会老气。想要立秋时节更迷人还不失活力，辣油红的棒球服外套是最佳选择，内搭浅色卫衣裙和白色棒球帽，就是招"大叔"喜欢的软萌妹子。

云杉墨绿，这个复古而又有画面感的颜色，没有草木绿春天般的鲜亮，也没有墨绿色冬季般的深沉，给人的感觉像是走在早秋的云杉林中，神秘、内敛又自带高级感，是很好驾驭的颜色。温暖的云杉绿毛衣或是丝绸质感的连衣裙都是与立秋时节匹配的单品。云杉绿与黑色是最稳妥的组合，绿色毛衣搭配黑色开叉皮裙，优雅、温暖又高级。你也可以大胆地玩撞色，只要有黑白色配饰做中和，这身 Look 绝对吸引眼球。你还不来一款？

奶油朗姆酒棕，属于常见的大地色系列，是驼色的一种，但比卡其色更浓郁，比深棕更恬淡，柔和得恰到好处。温暖的颜色像在秋夜里喝上一杯热奶油朗姆酒。当皮革遇见奶油朗姆酒棕，便有一种英伦复古风，搭配同色系点缀的宽松毛衣，感觉整个人都温暖起来了呢。

fig. 马思纯

cr. 衬衫 CÉLINE 裤子 Levi's® 包 Chloé 鞋 Stuart Weitzman 帽子 13MONTH

cr. 毛衣&短裙 DNCY 包 TOD'S 戒指 ENZO

cr. 衬衫&裤子 Levi's® T恤 DO NOT TAG 手拎包 BURBERRY 鞋 Stuart Weitzman 耳环&戒指 ENZO

cr. 外套 U/TI 连衣裙 H&M 包 Sandro 帽子 AKOP. 耳环 ENZO

fig. 迪丽热巴
cr. 外套&裤子&包 DOLCE&GABBANA

fig. 谭松韵
cr. 针织开衫 Mr&Mrs Italy T恤 DO NOT TAG 短裙 TOPSHOP 包 DISSONA 项链&耳环&戒指 Folli Follie

没裤子穿的姑娘 怎么就这么好看

处暑时节，已经能感受到秋天的凉意了，过渡时期乱穿衣不知道怎么出门？在时装精这里可是不存在的！越“高难度”越是要美得别具一格、惊心动魄，还要能随时应付这作妖的天气。有本事，就把一年四季的单品都穿上身，前提是，你得 Get 这种“下衣失踪”的搭配法则，完美修饰身型，人人都能有超模比例。真的可以是：衣橱无限制，你的时尚无边界。

把矜持丢一边，玩转下衣失踪。所谓“下衣失踪”是指衣服的长度刚好在大腿以下 3cm~4cm 左右的黄金位置，掌握这种搭配腿，长直飙一米八（明年维密秀就是你开场了），除了满眼都是大长腿的效果就只剩性感到想舔屏了！

Oversize 卫衣 &Mini 裙。宽松版型的卫衣的显瘦速度比割肉来得快，长度刚好遮住大腿，把拍照需要修掉的肉肉“一键”隐藏。露出的短裙边若隐若现，在青春的气息里也成全了你的高级小性感。因为与上身宽松的造型对比起来，下身就有了减重 5 斤的即视感。

廓形外套 & 短裙。T 恤与短裙的搭配是街拍战的基本装备，在处暑时节，搭上一件薄外套就可以成全温暖和简洁百搭，另外，薄外套廓形的选择很重要！虽然廓形西装外套是撞衫灾区的重点单品，但小伙伴们还是要靠搭配赢过妖艳贱货们啊（长得美的赢！呵呵）。廓形西装搭配不同质感的皮短裙带来的干练酷感，完全匹配处暑的奇葩天气。当然想要玩转“下衣失踪”的搭配，还是要有“我的腿最美”的坚强信念。你懂的。

FR the 6th issue | 处暑 | 202 | 陈妍希 | 卫衣 Givenchy

cr. 外套&衬衫裙 BURBERRY 包 DISSONA 戒指 ENZO

fig. 杨采钰 & 王可如

cr.
左 外套&T恤&短裤 U/TI 包 Prada 鞋 AIGLE
右 衬衫&短裤 DNCY 包 CHANEL 短靴 Monki 帽子 13MONTH

cr. 卫衣 PEACEBIRD MEN 连衣裙 MO&Co. 包 Chloé by NET-A-PORTER 手链&戒指 Folli Follie

cr. 毛衣 Monki 衬衫裙 BURBERRY 包 Saint Laurent 戒指 CHAUMET

cr. 外套 PEACEBIRD MEN T恤 NHIZ from I.T 裤子 Gucci

fig. 李纯

cr. 外套 Max Mara T恤 MISS SIXTY 短裙 PINKO 包 Saint Laurent

fig. **黄俊捷**

cr. **T恤** Sei Carina Y **内搭** U/TI
裤子 PEACEBIRD MEN **鞋** Vans

fig. **梁靖康**

cr. **外套** Levi's® **衬衫** CONSISTENCE
T恤 DO NOT TAG **裤子** PEACEBIRD MEN
鞋 BLOCCO 5 **帽子** DO NOT TAG

fig. **王瑞昌**

cr. **毛衣** PEACEBIRD MEN
裤子 CONSISTENCE **鞋** Converse
帽子 SHINE LI

早晚差 10℃
保护你的不是男人而是它

白露时节，是一年中温差最大的时候，白天太阳太热情，晚上却立刻给你脸色，这种奇葩天气，简直愁坏了爱美的"小可爱们"——我们就是爱露，可你说这是不是等着给发热门诊的医生叔叔增加工作量?！所以，有一件够潮够百搭的小外套来应对温差，真的太有必要了。

外套选取小块同色系，轻松营造高级感。字母T恤与磨毛牛仔短裤的搭配堪称夏日标配，虽然能拉长下半身比例，轻松穿出一米八的即视感，但到了9月也早就是过季的旧款。勤俭节约如我的小伙伴们（What？之前不是还说自己是烧钱小妖精吗） 选择与旧衣上的花色有所呼应的的新外套，买一件单品就获得整个新 Look，你说值不值？就问你值不值！

用西服外套划分比例，"柯基犬少女"也能搭出大长腿。对于身材娇小的妹子来说，西装外套绝对该写在你的购物清单里。想要打造大长腿的幻觉，"露"一定必不可少。遵循春捂秋冻的伟大号召，勇敢露腿的同时，再外搭西装外套保住温暖，显高、显瘦立竿见影。另外，如果你的腿已经粗得如同别人的腰，就不必来挑战了，合上书，先出门跑 10 公里再说吧……（摊手 ing） cr. 外套 DO NOT TAG T恤 TOPSHOP 短裤 BABYGHOST 包 STRATHBERRY

fig. 郭碧婷

cr. 外套 DO NOT TAG T恤 MISS SIXTY 短裤 DAZZLE 包 Saint Laurent 耳环&戒指 CHAUMET

用大廓形的棒球外套配热裤，是女生简单嘻哈的标配，而Tee上的字母也较好的呼应了整体。

fig. 田沅

cr. 连衣裙 CÉLINE 短裤&帽子 DO NOT TAG 包 DISSONA

fig.
田沅

cr.

外套 DAZZLE T恤 TOPSHOP 裤子 Max Mara 包 CHANEL 帽子 DO NOT TAG

cr. 衬衫&裙子 Monochromatic Xu

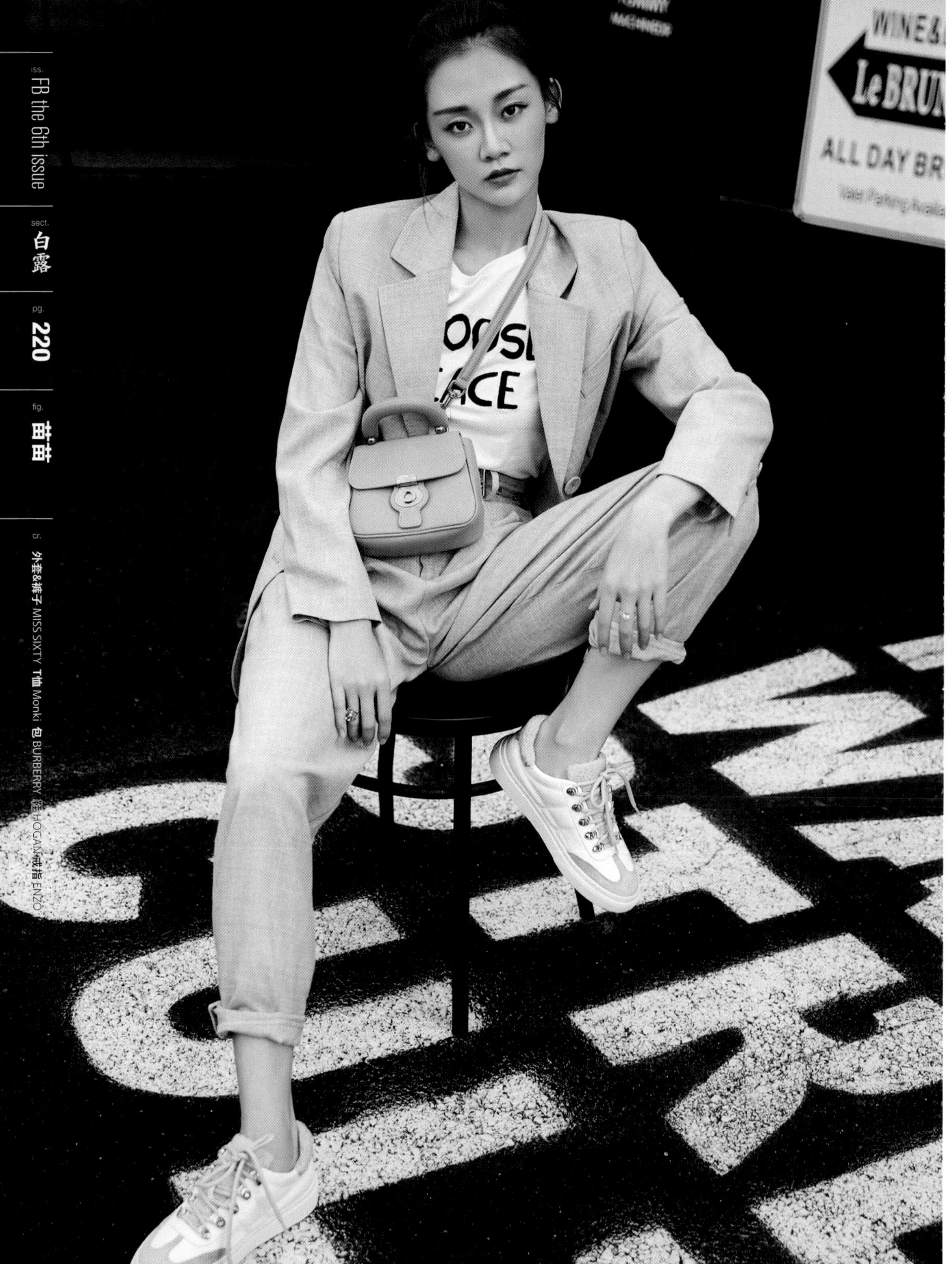

fig. 苗苗

cr. 外套&裤子 MISS SIXTY T恤 Monki 包 BURBERRY 鞋 HOGAN 戒指 ENZO

fig. 梁靖康

cr. 衬衫 BURBERRY T恤 DO NOT TAG 裤子 Brunello Cucinelli

新外套选到选择障碍症复发

秋分时节，太阳几乎直射地球赤道，全球各地昼夜等长，如此“平衡”的一个时期，正是好好思考新的一季到底该入手哪些单品，十一出行到底带几个 Look 出门的时候。天气转凉，与方便穿脱的外套相比，秋分必囤着装自然是：复古的格子西装、花呢针织外套、棒球服外套、长款大衣……天啊，到底怎么选，我的选择障碍症简直都要复发了！

如果懒癌犯了，不想考虑穿搭问题，还要保持时髦高调，格子或者条纹西装就是一秒定型好物。这些几何元素本身就是一种 Fashion 的标志，简单内搭就能打造舒适时髦的造型。记得搭配一双白球鞋或者黑球鞋，比起正装皮鞋更显年轻和生活态度。

基本款长风衣穿得好，绝对让人帅到被掰弯。夏季衣服先别急着收回衣橱，在 T 恤搭配短裤的基础上，长大衣轻松遮掉胯部的宽度，将裙装的时尚、优雅和长大衣的潇洒气场中和在一起，根据小姐姐们对腿型的自信程度，选择包身短裙或者飘逸长裙，显高、显瘦由你做主。

花呢外套自带优雅气息，记得搭配高腰修身牛仔裤，展现完美曲线，更不会变身“贵妇老太太”，再来一双尖头高跟鞋，你就是 CHANEL 女郎！

想要打造帅气青春的男友风格，就要入手一件棒球外套了，选对颜色和款式就是一股子劲酷无敌啊，少女！银色 Oversize 款棒球外套个性十足，既保暖耐穿又能轻松凹造型，搭配百褶裙还有一种慵懒的时髦感。

 | fig. 刘承羽 Natasha | cr. 大衣 Stella McCartney 短裙 DNCY 包 GB DAVID ERIC JURCZYNSKI 帽子 13MONTH

cr.
外套 U/TI 包 Gucci 帽子 13MONTH 戒指 CHAUMET

用充满正式感的西服套装，来搭配渔夫帽和烂球鞋，这本身就是种风格反差，让你懒洋洋的有范儿。

iss. FB the 6th issue
sect. 秋分
pg. 227
fig. 邓家佳
cr. 风衣 MISS SIXTY 包 Akris 帽子 DO NOT TAG 耳环&戒指 ENZO

fig. 李兰迪
cr. 外套 Levi's® 裙子 Weekend Max Mara 包 Saint Laurent 帽子 DO NOT TAG 戒指 CHAUMET

fig. 李纯

cr. 皮衣 AllSaints 裤子 Levi's® 包 CHANEL 鞋 Vans

fig. 娄艺潇

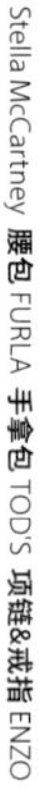

cr. 连衣裙 Stella McCartney 腰包 FURLA 手拿包 TOD'S 项链&戒指 ENZO

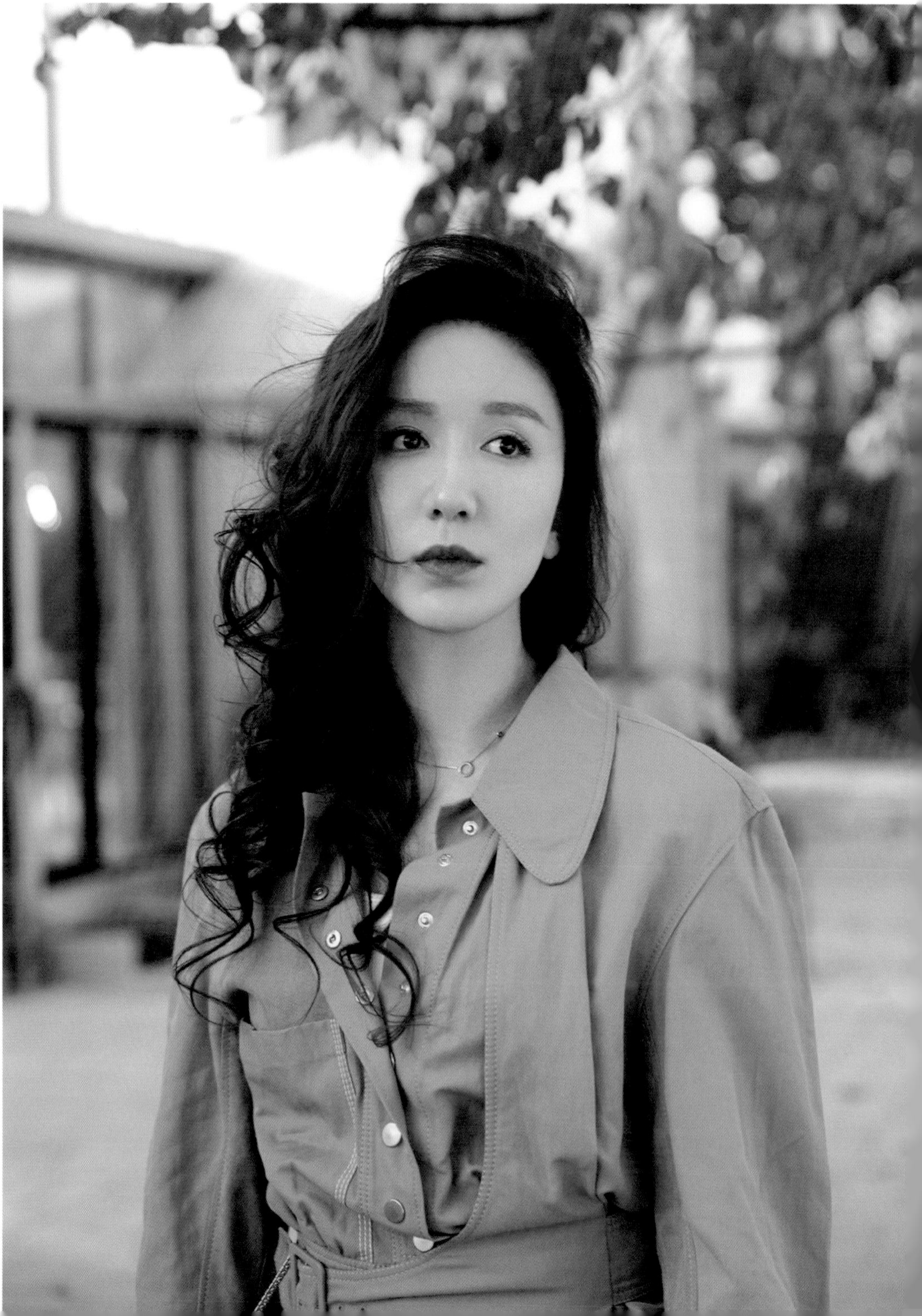

cr. 外套&连衣裙 U/TI 包 Gucci 手拎包 CÉLINE 鞋 Vans 戒指 ENZO

cr. 外套 GROUND ZERO T恤 MISS SIXTY 裙子 MARELLA 包 MCM 帽子 DO NOT TAG 戒指 ENZO

fig. **王可如**

cr. **外套** DO NOT TAG **衬衫&裤子** Levi's®
包 DISSONA **手链&戒指** ENZO

fig. **杨采钰**

cr. **衬衫&T恤&裤子** Levi's®
帽子 DO NOT TAG

cr. 外套 M Missoni 背带裙 PEACEBIRD WOMEN T恤&帽子 DO NOT TAG 耳环 CHAUMET fig. 李沁

cr. 外套&包 CHANEL 裤子 Levi's® 耳环&戒指 ENZO

穿对了是仙女裙
穿错了是女巫裙

寒露，表示水汽凝结现象，是气候从凉爽到寒冷的过渡。秋天已经有了占领季节的趋势，小姐姐们在此时依旧大面积露腿，恐怕就真的离"老寒腿"不远了。而长裙与外套的搭配正是属于寒露这个时节的正确时尚公式，这道题只要算好颜色与材质的搭配，就可以兼顾风度与温度啦。

做旧牛仔混搭不规则长裙抢眼。几乎人手一件的做旧牛仔夹克，搭配上裸色系的不规则长裙，瞬间让整体 Look 更灵动，打破裙装造型搭配僵局。还有超乎想象的修饰腿型作用。

长大衣混搭连衣长裙，高挑妹的专属穿搭。对于高个子的小姐姐们，长大衣搭配素色长裙简直就是为你们定制的。内搭与外套颜色选择，在深色系为主的寒露，颜色饱和度高的外套更适合，内搭就需要尽量简洁才不会抢了风头，白色卫衣裙抑或白色毛衣裙都是不错的选择，完美衬托出长外套的设计感与修身效果。

纱质长裙混搭短外套，显高飘逸利器。对"娇小星人"来说，一年四季的穿搭重点就是：显高显瘦！长裙搭短外套可是娇小妹子必学技能。选择质地轻盈的纱质长裙，外搭皮革或者材质偏硬的短外套，完美划分出腰线比。不同材质的单品，加上厚薄的配合，视觉上更加丰富，温暖度也是满分。

 | fig. 辛芷蕾 | cr. 外套 Polo Ralph Lauren 连衣裙 Gucci 短靴 Diesel 帽子 SHINE LI

fig. 辛芷蕾

cr. 外套 Polo Ralph Lauren 连衣裙 Gucci 短靴 Diesel 帽子 SHINE LI

fig. **杨颖 Angelababy**

cr. **外套** BALENCIAGA **T恤** DO NOT TAG **裙子** MISS SIXTY **包** Christian Dior

fig. 刘诗诗
cr. 针织开衫 Gucci T恤 PEACEBIRD MEN 裙子 Edition10 包 Prada 鞋 Roger Vivier

cr. 外套 Stella McCartney 针织衫&短裙 U/TI 包 Vale*tra

fig. 陈燃

cr. 外套&裤子 CÉLINE 包 CHANEL 鞋 Vans 帽子 13MONTH 项链&戒指 CHAUMET

iss. FB the 6th issue
sect. 寒露
pg. 248
fig. 陈乔恩
cr. 风衣 C.J.YAO 连衣裙 AMII 包 DISSONA 短靴 Diane Von Furstenberg 帽子 DO NOT TAG 项链&戒指 CHAUMET

cr. 卫衣 Levi's® 包 FENDI 耳环 ENZO

cr. 外套&连衣裙 Diane Von Furstenberg 包 Givenchy 帽子 DO NOT TAG 耳环 Folli Follie

fig.
李兰迪
cr.
外套 TOPSHOP 吊带裙 MO&Co. T恤 Chrisou by Dan 包 TOD'S 手链&戒指 CHAUMET

cr. 连衣裙 Gucci 针织衫 Diesel 短靴 BLOCCO 5 耳环 ENZO

护腿护胃 我就是个爱养生的时髦鬼

陆游在《霜月》中写到的“枯草霜花白，寒窗月新影”，大概就是霜降时节最好的描述。从此刻开始，东北的宝宝就开始烤暖气，南方也基本告别了舒适的秋天，逐渐向屋里比屋外还湿冷的日子靠近了。层层厚衣穿上身，裹成“米其林”就是霜降时节寒冬的标配了？作为一个骨灰级追求时尚态度的有志青年，现在就穿成粽子，那后面的12月和1月还活不活啊？（当然再冷也不应该穿成粽子）而同时，中医讲究，霜降节气是慢性胃炎和胃十二指肠溃疡病复发的高峰期。老年人也极容易患上“老寒腿”的毛病，慢性支气管炎也容易复发或加重。所以保护好了胃和腿，才能开心度过霜降。那么就来巧用长筒袜、过膝靴，叠搭温暖毛衣短外套，既能御寒、保护腿部和胃部，还能秀身材。美才是抵御寒冬的利器。

在冬季也不舍得放弃的短裙，与过膝靴是最好的搭配。过膝长靴最大的好处是无限拉长你的腿部线条，打造出胸部以下都是腿的假象，更能在初冬温暖你的小身体。偏厚的长款卫衣、针织衫加短裙都可以搭配过膝长靴，藏住大片肌肤达到保暖目的的同时顺便Show小性感。

cr. 外套&裤子 VALENTINO T恤 PEACEBIRD MEN 包 Gucci

fig. 苗苗

cr. 外套 U/TI T恤 TOPSHOP 包 STRATHBERRY 鞋 HOGAN

N!
START MAK
SENS

fig. 张艺上

cr. 外套 CHANEL 背心 Devil Beauty 裤子 DNCY 包 Prada 帽子 DO NOT TAG 项链&戒指 ENZO

PRADA

fig. 邓家佳
cr. 外套 PEACEBIRD MEN T恤 DO NOT TAG

fig. **王可如**

cr. **外套&卫衣** U/TI **包** Saint Laurent
帽子 DO NOT TAG **耳环** ENZO

fig. **杨采钰**

cr. **风衣** MIGAINO **T恤** COVEN GARDEN **裙子** MARELLA
包 DISSONA **戒指** ENZO

fig. 王瑞昌 & 黄俊捷 & 梁靖康

cr.

左 毛衣&裤子 PEACEBIRD MEN 内搭 DO NOT TAG 鞋 Converse

中 风衣 MO&Co. 衬衫 fingercroxx from i.t T恤 DO NOT TAG 裤子 盟可莱 Moncler 鞋 Vans

右 衬衫 BURBERRY T恤 DO NOT TAG 裤子 Brunello Cucinelli 鞋 Vans

LOOKS
THE
REAL
LIVES
OF
MODELS
Bayinonos bobiss
Closets Gatwalks
Diets Dramas
D THE MAN WHO
DETHEMSTARS
+

fig. 田沅

cr. 外套 DNCY T恤 DO NOT TAG 短裤 Devil Beauty 包 CHANEL 鞋 GOLDEN GOOSE DELUXE BRAND

DO NOT OBSTRUCT
FIRE EXIT PATH
PENALTIES APPLY

cr. 外套 IMMI T恤&裤子 Levi's® 内搭 DO NOT TAG 包 Christian Dior 帽子 Gucci 耳环 Folli Follie

cr. 外套 UTI 背心 III VIVINIKO T恤 PEACEBIRD MEN 短裤 Chloé 包 Roger Vivier 耳环 YIRANTIAN

上宽下窄没学会 那你怎么会有小细腿儿

立冬是农历十月的大节，汉魏时期，这天天子要亲率群臣迎接冬气，对为国捐躯的烈士及其家小进行表彰与抚恤，请死者保佑生灵，鼓励民众抵御外敌或恶寇的掠夺与侵袭。在中国民间，有祭祖、饮宴、卜岁等习俗，以时令佳品向祖宗祭祀，以尽为人子孙的义务和责任，祈求上天赐予来岁的丰收，农民自己亦获得饮酒与休息的闲暇。所以杀鸡宰羊，开始存点脂肪来保暖，在所难免。可是，又想不割舍口欲之欢，又想穿得显瘦秀美腿？“上宽下窄”大法来帮你！

御寒保暖当然要靠厚外套，宽松的短款羽绒夹克是穿梭于冷风中必备的单品，有了它的保暖力，就可以搭配针织衫，叠穿吊带连衣裙，丰富层次感，再搭配上包腿的超长靴子，大家的注意力都去看腿了，谁还会在乎你的羽绒夹克臃肿得可爱呢。

长款厚实的格子外套也要遵循上宽下窄法则，无论身材高挑或是娇小均可驾驭。廓形外套下露出紧身牛仔裤，修饰腿型，而搭配上如今已经火了两季却丝毫不见降温的“袜靴”，它的厉害之处就在于能藏起你的秋裤还能束出纤细的脚踝，自带 Puff 让你的街头变 T 台。

fig. 张若昀

cr. 外套 Empathy Los Angeles T恤&裤子 PEACEBIRD MEN 包&鞋 Prada

fig. 周雨彤
cr. 大衣 VEGA ZAISHI WANG 卫衣 PEACEBIRD MEN 裤子 Levi's® 短靴 BURBERRY 戒指 CHAUMET

cr. 外套 DAZZLE T恤 Monki 裤子 Sandro 包 Saint Laurent

fig. 杨祐宁

cr. 外套 Off-White from I.T T恤&裤子 PEACEBIRD MEN 条纹内搭 JXY

X

pt

new thi

to nail and make

d the cute punk outfit.

afford to wear, that

y of the playful.

of loyalty, let the

ke sweet.Not a heavy

ghty feeling.

is full of personality, and t

roduced that <KINDLY &

ss send > KKXX brand.

oy the fashion clothes,

of ideas and creati

rspersed in the a

pure art

nission is agre

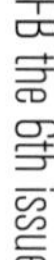

cr. 外套 Juun.J from JOYCE 衬衫 Zadig&Voltaire from I.T T恤 PEACEBIRD MEN 裤子 VALENTINO

fig. **梁靖康**

cr. **外套** Paul Smith **T恤** DO NOT TAG
裤子 Levi's® **鞋** Vans

fig. **王瑞昌**

cr. **外套** DNCY **卫衣** fingercroxx from i.t
内搭 DO NOT TAG **裤子** PEACEBIRD MEN
鞋 Vans

fig. **黄俊捷**

cr. **外套** PEACEBIRD MEN
衬衫 fingercroxx from i.t
T恤 DO NOT TAG
裤子 Levi's® **鞋** Converse

cr. 外套 DNCY 吊带裙&针织衫 N.PAIA 包 DOLCE&GABBANA

怕冷星人的秋裤都藏在 Oversize 裤子里

进入小雪，冬季的气候特征就越发明显了，只有穿秋裤才是对小雪时节的尊重。想要风度和温度兼得也是有技巧的，那些“不怕冷星人”的秋裤可都是藏在 Oversize 的裤子里，及地阔腿裤和当红的吸烟裤可谓小雪时节必备单品。

“一键”解决小粗腿、大屁股、圆规腿等身材问题的吸烟裤上线。吸烟裤也叫烟管裤，由西装套装转变而来，这种上宽下窄的款式，几乎什么腿型都能完美修饰，穿了秋裤也不容易被发觉，简约干练的风格令通勤、约会都不成问题。

小姐姐们的人生第一条吸烟裤可以选择性价比最高的黑色宽松款，本就自带干练风格的吸烟裤搭配皮衣和漆皮踝靴，这身简单利落的造型就是走路呼呼带风的中性 Style。而锥形吸烟裤腿部宽松的设计，裤腿向下逐渐收紧，整体呈倒三角的锥形，能很好地隐藏起臀部和大腿顽强的肉，同时还多了些慵懒。卡其色的吸烟裤在色彩上稍带暖色调，穿起来舒适又不会太过正式，搭配同色系风衣马上给你增添强大的气场和修长的美腿，酷帅中又不失女性的优雅气质。

相对于吸烟裤的干练利落，阔腿裤的慵懒随性更适合冬季了。在宽大的裤腿里，你可以尽情塞各式加绒加厚的打底裤而不用害怕。九分阔腿裤适合任何身高、身材的妹子，刚好露出最纤细的脚踝，显瘦效果极佳。搭配温暖的同色系针织衫外套风衣，比男朋友的怀抱都温暖！

fig. 邬君梅
cr. 大衣 JULIA&JULIE 衬衫&裤子 Gucci

fig. 陈瑶
cr. 外套 U/TI 针织衫 V by VEGA ZAISHI WANG 裤子 Theory 包 Gucci

cr. 风衣 BURBERRY T恤 GU 内搭 DO NOT TAG 裤子 iBLUES

cr. 皮衣&牛仔夹克&裤子 Levi's® 包 MCM 耳环&戒指 CHAUMET

cr. 风衣 BURBERRY 针织衫&裤子 COMME MOI 包 TOD'S

御系驼色造型，
利用深浅和材质的变化
营造高级感。

cr. 风衣 PEACEBIRD MEN GROUND ZERO T恤 DO NOT TAG 裤子 DNCY 包 Valextra 项链&耳环 PIAGET伯爵

fig. 刘美彤
cr. 牛仔连衣裙&腰间卫衣 Levi's® 内搭 DO NOT TAG 耳环 ENZO

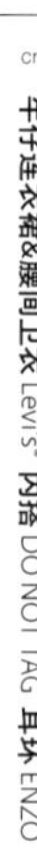

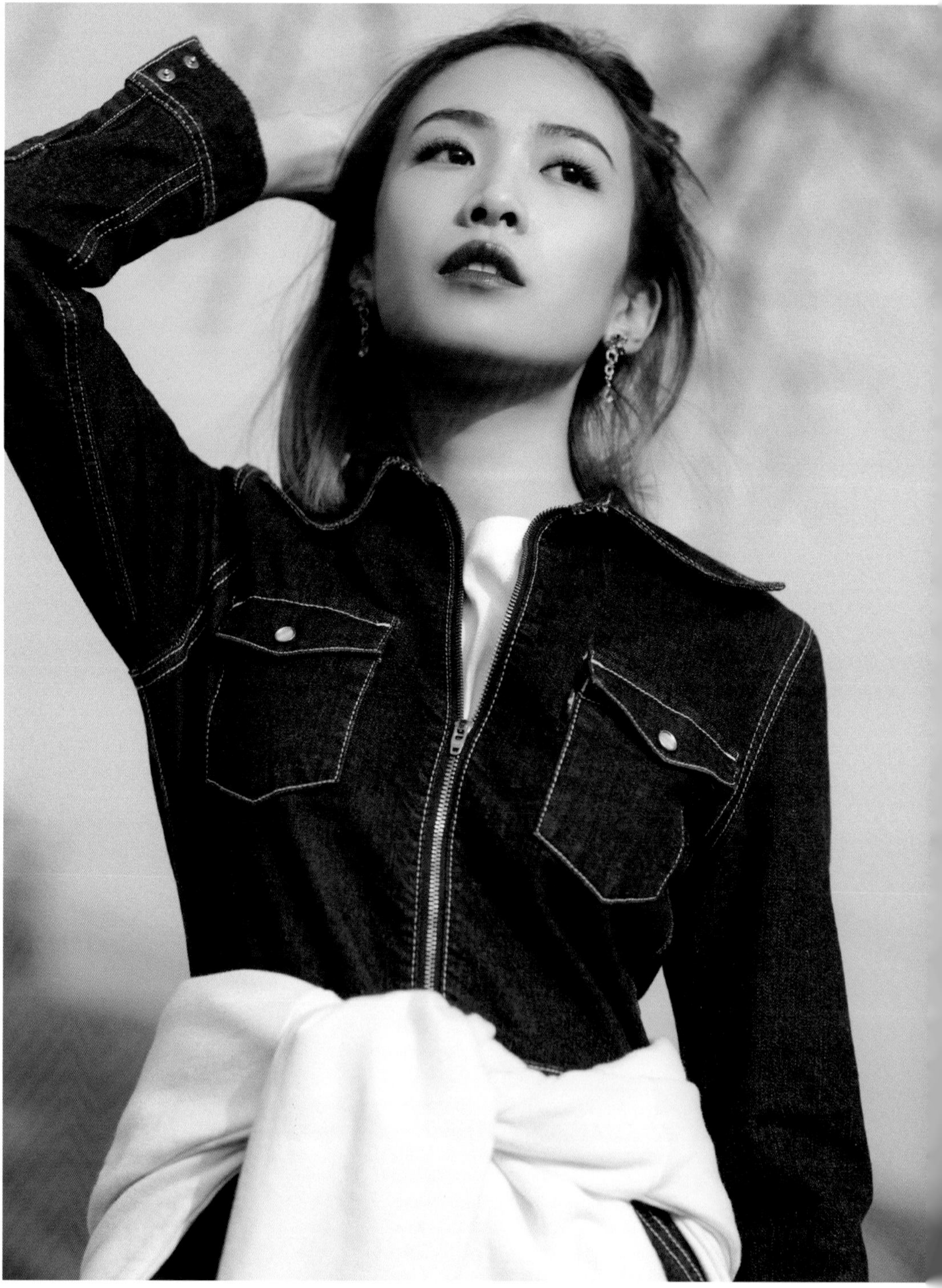

cr. 大衣 PEACEBIRD MEN 毛衣&包 Gucci 裤子 NA BY DAZZLE

fig. 黄圣依

cr. 外套&裤子 Stella McCartney T恤 YOHOIGIRL 包 TOD'S 鞋 PUMA 手链&耳环 CHAUMET

谁想和“米其林”在浪漫的大雪中约会啊?

大雪,古人云:“大者,盛也,至此而雪盛也”。但作为追求高衣品的有志女青年,绝不愿被厚重的棉服裹成粽子,谁也不想在浪漫的大雪里,和一个“米其林”约会、亲亲、抱抱、举高高不是吗?再说了,你穿那么多,估计也没人能举得起来吧……

老中医说了:大雪,保暖、进补为最上,切不可让身体受到寒气的侵害……所以,一件冬季里修身高领的好内搭简直不能更重要。高领的毛衣或针织衫护住脆弱的脖子,“短脖星人”也不必担心能否 Hold 住,刚好到下巴的高度,是所有“短颈人”都可以驾驭的款式。修身的款式给了叠穿更多的可能性,高领针织衫叠搭衬衫或是卫衣,小姐姐们这身造型出街可是会被问微信号的!少系几颗扣子,露出小高领,搭配阔腿裤或是短裙加长靴,帅气又复古的搭配丰富了整体的层次感。外面再加上一件短款的廓形羽绒服,高级的层次感搭配方式,绝对让你被怀疑是明星出街呢。

敲黑板:除了内搭的款式,配色也很关键:想要显瘦,就要记得选择有收敛效果的深灰或墨绿;如果想更出挑,姜黄色和米白色是不错的选择。叠搭的时候记得使用“深(内搭)浅(中间)深(外套)法则”,穿再多层也不会变成“米其林”。

cr. 衬衫&包 BALENCIAGA 针织衫 V by VEGA ZAISHI WANG 裤子 Stella McCartney 鞋 ONDUL' 圆漾

用Oversize廓形衬衫和阔腿裤营造随意的造型。
而打底却选择包身高领毛衣，一紧一松，体现时髦反差。

fig. 毛晓彤

cr. 外套 GROUND ZERO T恤 NIKE 裤子 IMMI 包 ALEXANDER WANG by NET-A-PORTER 短靴 BLOCCO 5

fig. 刘美彤

cr. 卫衣 PEACEBIRD MEN × GROUND ZERO 针织衫 Diesel 裤子 3.1 Phillip Lim 包 DISSONA 鞋 Vans 帽子 DO NOT TAG fig. 何泓姗 & 刘美彤

cr.
左 风衣 N.PAIA 牛仔夹克 DAZZLE 针织衫 U/TI 包 Gucci 耳环 ENZO
右 卫衣 PEACEBIRD MEN × GROUND ZERO 针织衫 Diesel 裤子 3.1 Phillip Lim 帽子 DO NOT TAG

fig. 辛芷蕾

cr. 外套&裙子&长靴 BALENCIAGA 包 DISSONA 腕表&耳环&戒指 PIAGET伯爵

fig. 毛晓彤

cr. 外套 Tory Burch T恤 MISS SIXTY 戒指 CHAUMET

cr. 外套&T恤&裤子 Levi's® 挂脖包 TOD'S 手拿包 DISSONA 帽子 13MONTH 耳环&戒指 ENZO

fig. 曹曦文
cr. 外套&裤子 IMMI T恤 DO NOT TAG 戒指 ENZO

the Winter Solstice

冬至

焦糖色让你的圣诞变得特甜

冬至通常都会在圣诞节前到来，在这一年里最冷却也是最"甜"的几天，到底要怎样穿，才能赢得时装精之间的造型"暗战"？又百搭又"甜"的焦糖色绝对是冬日最好的选择。

叮！现在是焦糖色普及小课堂时间，焦糖色是巧克力色、甜橘色、砖红色这三种颜色的调和色，每一种颜色的浓度改变，都会使最终色呈现出深浅不一的焦糖色，对于黄皮肤的亚洲宝宝来说，它会提亮肤色，时髦却不张扬。焦糖色让任何单品都附上了质感好、很高级的标签，它的受欢迎程度不要太好。

必备NO.1焦糖色拉链款毛衣，内搭印花T恤，加上宽松而有质感的及地阔腿裤，给人以不拘束的慵懒时尚感。第2件必备单品，则是焦糖色长外套，是打造好比例和修饰身型的灵药，搭配黑色瘦腿裤和尖头高跟短靴，超模比例分分钟完成。同时，深焦糖色有一流的显白效果，"黄皮星人"完全可以大面积穿着。焦糖色大衣内搭同色高领针织衫，可以利用材质和深浅的变化，打造出层次感，让你的造型变得更加高级。

fig. 刘美彤
cr. 大衣 IMMI 针织衫 U/TI 裤子 Max Mara 戒指 ENZO

cr. 大衣 Max Mara 针织衫 DO NOT TAG 裤子 Gucci 包 STRATHBERRY

STRATHBERRY

cr. 外套 John Lawrence Sullivan T恤&裤子 PEACEBIRD MEN

cr. 毛衣 SPORTMAX 裤子 Kanoe 手拿外套 U/TI 包 Gucci 鞋 PUMA 手链&戒指 Folli Follie

cr. 毛衣 Isabel Marant

fig. 曹曦文

cr. 毛衣 Isabel Marant T恤 ALEXACHUNG from NET-A-PORTER 裤子 COMME MOI 包 Polo Ralph Lauren fig. 陈瑶

cr. 大衣 Kanoe 针织衫 U/TI 包 DISSONA 帽子 DO NOT TAG

三九天儿还想要时髦 这是个问题

小寒时节，正处三九前后，俗话说“冷在三九”，其严寒程度也就可想而知了。这段时间北京的平均气温一般在 -5℃上下，极端最低温度在 -15℃以下，东北的小伙伴们，更是身处一个冰雕雪琢的世界，所谓“小寒时处二三九，天寒地冻北风吼”，谁还要出门啊……（摊手 ing）恨不得每天都把所有衣服一层层穿上身，出门遛狗都觉得冻手，穿了这么多层，到底还有没有什么可以稍微保留一点儿时尚颜面的可能性？一定有，那就是一色到底！

全黑色：一黑到底，黑色是最不挑人的颜色，黑色皮夹克或是羊羔毛外套搭配同色系裤装，同样黑色的短靴或尖头高跟鞋，无限拉长腿部线条。利用不同的材质增加层次感，是令整体造型更高级的关键。

全灰色或全驼色：灰色或驼色针织衫搭配同色系阔腿裤，比起黑色，更适合亚洲人纤细柔软的气质，也更容易打造出套装的高级质感，同时模糊了腰线，拉长身材比例。外搭暗格纹的西装外套则可以增添中性时尚感。

fig. 何穗
cr. 毛衣 1p 内搭 U/TI 裤子 PENNYBLACK 包 Roger Vivier 鞋 BING XU

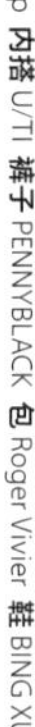

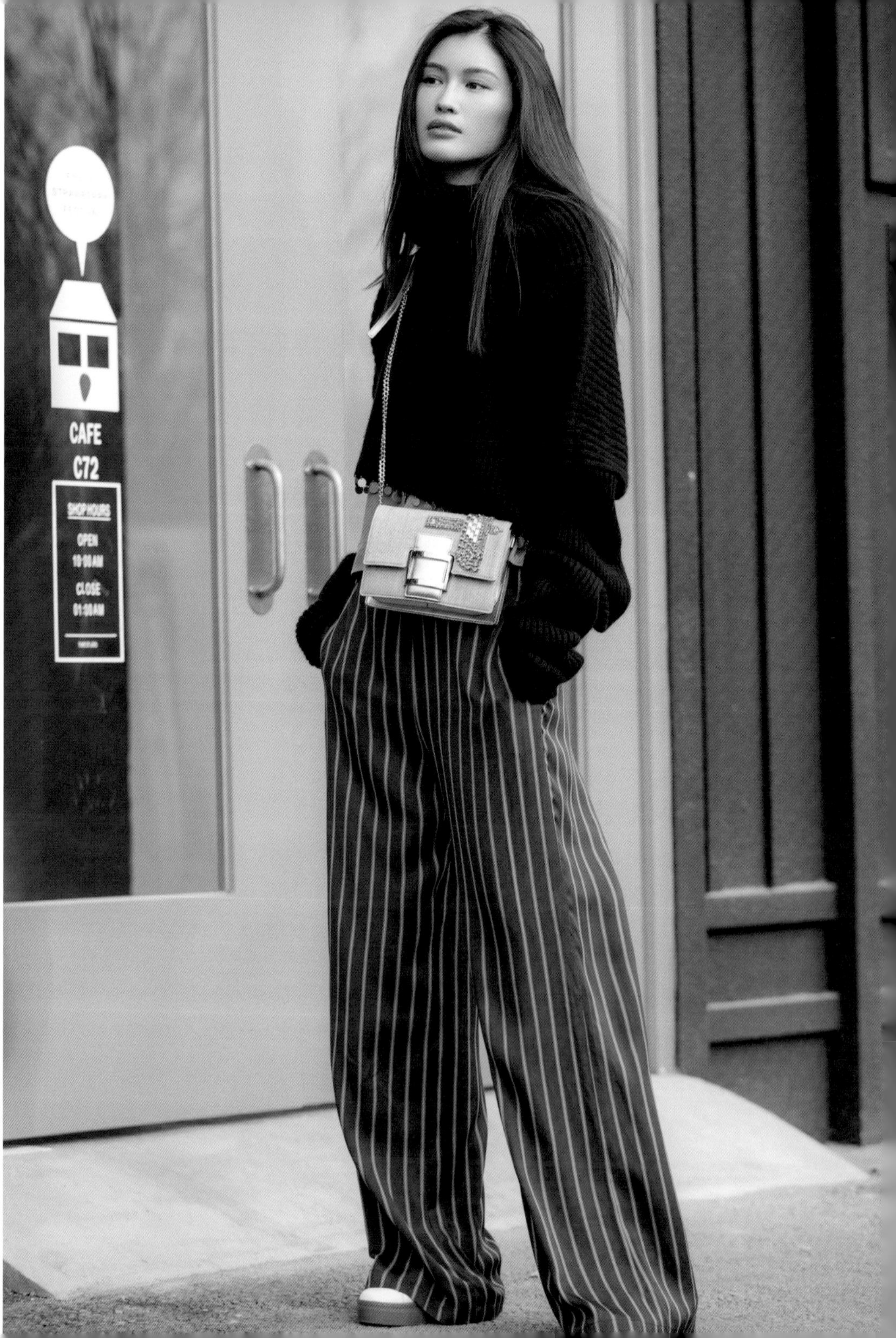

老何这套造型明确告诉你，
搭配要有侧重点，正如这套
所有的色彩和细节
都在下半身，也因为这样，
才让整体造型通透，自流动。

iss.
FB the 6th issue
sect.
小寒
pg.
322
梁缘
大衣 PEACEBIRD MEN 皮衣 DNCY T恤 DO NOT TAG 挂脖包 TOD'S 戒指 ENZO

fig. 梁缘

cr. 大衣 PEACEBIRD MEN 皮衣&裤子 DNCY T恤 DO NOT TAG 挂脖包 TOD'S 短靴 Sandro 戒指 ENZO

fig. 梁缘

cr. 外套 pushBUTTON 毛衣&裤子 Club Monaco 包 DISSONA

 | fig. 刘承羽 Natasha | cr. 大衣 Ralph Lauren 毛衣 UNIQLO 裤子 fingercroxx from i.t 腰包 TOD'S 手拿包 Louis Vuitton PETITE BOITE CHAPEAU手袋

fig. 陈乔恩

cr. 外套 Maje 卫衣 MUSIUM DIV. from I.T 裙子 MISS SIXTY 包 Saint Laurent 耳环 CHAUMET

fig. 陈乔恩

cr. 风衣 Claudie Pierlot T恤 DO NOT TAG 裙子 Weekend Max Mara 包 Gucci 耳环 CHAUMET

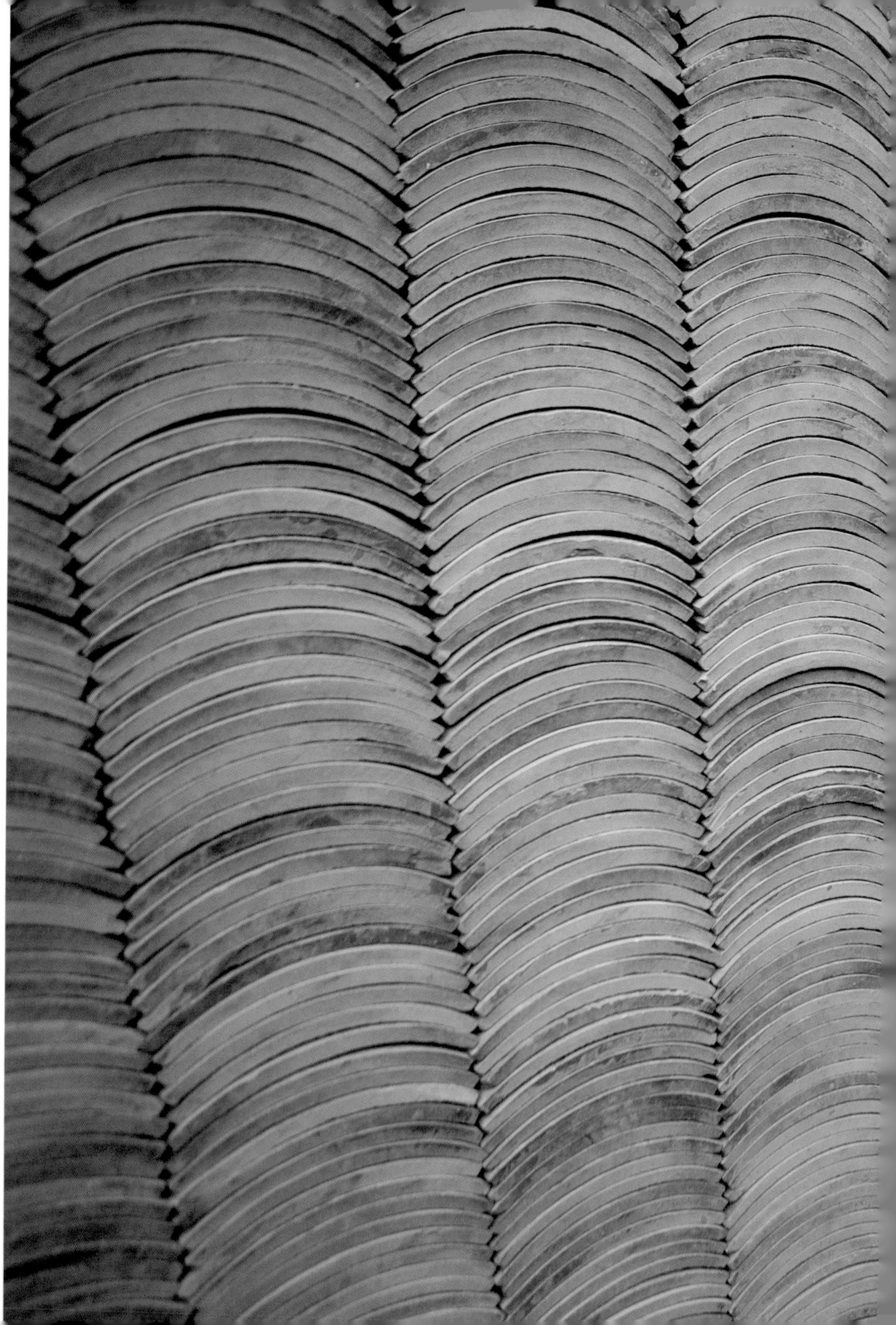

iss. FB the 6th issue

sect. 小寒

fig. 邬君梅

cr. 大衣 Max Mara T恤 DO NOT TAG

fig. 邓家佳
cr. 大衣 U/TI 毛衣 Max Mara

fig. 张若昀

cr. 风衣 BURBERRY 裤子 PEACEBIRD MEN 包 TOD'S 鞋 Prada

iss. FB the 6th issue

sect. 小寒

pg. 334

fig. 刘承羽 Natasha

cr. 外套 DIAMOND DAZZLE T恤 NEW LOOK 裤子 Michael Michael Kors 包 Louis Vuitton PETITE BOITE CHAPEAU手袋

项链&戒指：ENZO

cr. 外套 Ochirly 衬衫 CELEBEE 裤子 Levi's® 包 LOEWE罗意威

0℃也无法割舍的薄纱裙

大寒，听名字就是个注定与低温捆绑的节气，是大部分地区一年中最冷的时期，天寒地冻。但对于爱美的小仙女们，最大的难题不是如何御寒，而是要既保暖还能不臃肿！薄纱裙冬季上线，暗藏 N 条打底裤，这可是我们在大寒时节时尚而又不臃肿的机密。

薄纱裙可不是夏季的专属，在冬季混搭玩得溜，才能时尚不 NG。小姐姐们夏天的裙子都先别急着收，薄纱裙搭配外套就是最好的瘦身偏方了，叠穿的时尚魔法给你瘦十斤的错觉。不妨试试用简洁的 T 恤搭配飘逸的碎花长裙，几乎垂地的长度，里面穿上 10 条打底裤也不用怕，从头裹到脚足以抵御寒风。薄纱裙一定要选择高腰的设计，圈出黄金比例，又能打造“漫画身材”的效果，你可以看到一个加长版的自己了。夏天的旧款就能给你全新的 Look，男朋友在偷着乐了。

fig. 高圆圆

cr. 外套 NEIGHBORHOOD 吊带裙 MO&Co. 包 TOD'S 短靴 BURBERRY

cr. 皮衣 Sandro 连衣裙 ETRO

fig. 邬君梅

cr. 长外套&短外套&衬衫&裤子 Ralph Lauren 包 Chloé

iss. FB the 6th issue
sect. 大寒
pg. 342
fig. 韩火火 & 周雨彤
cr. 右 风衣 ENFÖLD 牛仔夹克 DO NOT TAG 包 Louis Vuitton

Silky Chocolate
Šokolaad
Súkkulaði
Seacláid
Šokolāde
Socolata
Sjoekelaat
Schokolaad
Sokkeloa
Szekulada
Suklaa
Sô-cô-la
Чоколада
Cokelat

fig. 毛晓彤

cr. 外套 MIGAINO T恤 PEACEBIRD MEN × GROUND ZERO 裤子 TOPSHOP 挂脖包 TOD'S 鞋 AIGLE 帽子 Sei Carina Y 戒指 CHAUMET

cr. 外套 Stella McCartney T恤 DO NOT TAG 裤子 iBLUES 耳环&戒指 CHAUMET

fig. 米露

cr. 风衣 DO NOT TAG 连体裤 Stella McCartney 包 TOD'S 项链 CHAUMET

fig. 辛芷蕾

cr. 外套&裤子 Prada 包 DISSONA 鞋 PUMA 腕表 Folli Follie

fig. 陈妍希

cr. 外套 BALENCIAGA 连衣裙 Chloé 包 3.1 Phillip Lim 鞋 HOGAN 项链&耳环&戒指 CHAUMET

cr. 风衣 Maison Margiela 卫衣 Tommy Hilfiger 内搭 Givenchy 裤子 Levi's® 包 TOD'S

今日大风!适宜户外透气!不要穿秋裤!
找对"衣"生 对症搭配
YOU BE YOU
什么季节 穿什么衣服
妈妈再也不用担心我得关节炎了
FB the 6th Issue
今日大风!适宜户外透气!不要穿秋裤!
整容般的搭配
时髦鬼
说得对不如穿得对
说得对不如穿得对
什么季节 穿什么衣服
什么季节 穿什么衣服
找对"衣"生 对症搭配
GRAND PRIX 1966
MONACO

找对"衣"生 对症搭配
今日晴! 适宜户外活动! 不用穿秋裤!
找对"衣"生 对症搭配
什么季节 穿什么衣服
找对"衣"生 对症搭配
找对"衣"生 对症搭配
想得美不如 穿得美
想得美不如 穿得美
什么季节 穿什么衣服
什么季节 穿什么衣服
想得美不如 穿得美

想得美不如穿得美
说得对不如穿得对
时髦鬼
找对"衣"生对症搭配
YOU BE YOU
puppy!
FB the 6th Issue

什么季节
穿什么衣服
六
the 6th issue
找对"衣"生
对症搭配
找对"衣"生
对症搭配
什么季节
穿什么衣服
时髦鬼
找对"衣"生
对症搭配
撸起袖子
时髦鬼
说得对不如
穿得对
想得美不如
穿得美
找对"衣"生
对症搭配
说得对不如
穿得对
想得美不如
穿得美
今日小雨!
适宜踩水!
雨鞋穿起来!
时髦鬼
Snoopy

一如少年

现在时间，2017年12月22日，冬至。

从昨天开始就收到了很多问候，
说今天一定要吃猪肉白菜馅的饺子，
于是我很听话地叫了外卖。

同事们最近应该都挺崩溃的，因为我已经进入了一年中最不想工作的冬眠期，每天就想躲在被窝里看韩剧、日剧、美剧……而这篇结束语，尽管硬生生被我拖到现在，却始终没忘。从春分到冬至，作为历时一年完成的这本书的句号，放在冬至这天动笔，在阳光灿烂的午后，也算合适。你看看，能说会道的人，连单纯的“懒”都有理。

这本书，我们已经做到第六年了。
很多时候，我们会把“不忘初心”挂在嘴边，来表达坚持和初衷的可贵。

六年前，我最开始做这本书的初衷，是想留下点什么。我想如果有一个载体能记录下我和朋友们的成长和变化，也挺美好的，当然也是希望把一些穿衣风格推广给更多人——尽管前两年我们在搭配上做得还不够好。你看，现在说起这个“初衷”，连我自己都觉得有点儿自私而没底气。

这六年，有太多感动的画面就像小电影一样刻在我的脑海里，每一张笑脸，夏日着冬衣的每一身汗，年度之约的每一句暖心的话……当然，也有太多琐碎的难题和意外。这个很容易理解吧，成人的世界里哪有理所应当、天生容易的事啊？能把一件事做成不容易，做好更不容易，做六年更是不容易……而这其中的辛苦，也只有在做这件事的我和我的团队才清楚。有件事令我印象很深，2015 年夏天，那是个下午，有夕阳，我和两个同事坐在北京柏悦酒店大堂选上海、北京、香港三地拍摄的最终图，大堂人声嘈杂。后来，没什么路人了。后来，彻底没人了，只有保洁阿姨在拖地。后来，同事趴在桌上睡着了。再后来，天亮了。现在回想，难道我们为之努力、付出和坚持的这件事情，就只是为了满足我一个人的私欲，只能自我陶醉而对大家没有意义吗？我想不是的。

在这说长不长、说短不短的六年里，这本书影响的人越来越多，而我们也在这个过程里，被自然而然地赋予了一种新的使命，这种使命督促着我们不仅要坚持记录友情、记录成长的初衷，更要给大家更多启示，更多关于风格、关于穿衣服的启示。以及，有别于其他媒体平台，《FB 范儿》要传递的，是真正可以穿出门的简单搭配，是真正可以照搬到生活里的穿衣技巧。而这第六年，为了强化"实穿"这一点，我们更是全面改版，拍摄了全年，只为让有缘看到的你，能感受到四季有变的实穿感。这是经过这六年，我们慢慢领会到的事情。也正是在这六年里，我们真正想做的事，才变得越来越清晰。

当你拿到这本书的时候，应该是春天。
樱花开了，偶尔落雨。希望我们尝试的所有努力，可以被更多有缘的你看到、感受到，希望我们可以继续用这本书、这个平台去记录我们的成长，去聊聊简单和有范儿，希望对于初衷，无论你我，都可以永远是个少年，不畏惧，不放弃，敢改变，简单点儿。

特别鸣谢以下品牌的支持与协助(排名不分先后)

U/TI
CHAUMET PARIS

HOGAN

DISSONA www.dissona.com
ENZO

BLOCCO 5
BANANA UNDER

MAX&Co. MARELLA MARINA RINALDI PENNYBLACK iBLUES WEEKEND MaxMara SPORTMAX

独家视频媒体合作伙伴(排名不分先后)

爱奇艺 时尚

战略合作伙伴(排名不分先后)

Lane Crawford

HAIR & MAKE UP

高圆圆
Hair: 赵同
Make up: 张人之
朱珠
Hair&Make up: 刘国兰
李媛
Hair&Make up: 鹏鹏
李艾
Hair&Make up: 姜旭
何穗
Hair&Make up: 薛冰冰
林允
Hair&Make up: 萧峻
张若昀
Hair&Make up: 大军
朱丹
Hair&Make up: 凯大奇
周丽淇
Hair&Make up: 薛冰冰
刘诗诗
Hair&Make up: 春楠
杨祐宁
Hair&Make up: 陈旻卉
米露
Hair&Make up: 黎思
张雪迎
Hair&Make up: 谢礼
江疏影
Hair&Make up: Ricky
王鸥
Hair&Make up: 王奕为
秦岚
Hair&Make up: 陈陈
唐艺昕
Hair&Make up: 穆建明
宋祖儿
Hair&Make up: CiCi(大军工作室)

张慧雯
Hair&Make up: Seven
热依扎
Hair&Make up: 赵亚光
金大川
Hair&Make up: 鹏鹏
弦子
Hair&Make up: 鹏鹏
杨幂
Hair&Make up: 扑克
张碧晨
Hair&Make up: 张人之
王珞丹
Hair&Make up: 王耀葳
陈妍希
Hair: 泽南
Make up: 王茜
杨颖Angelababy
Hair&Make up: 春楠
宋妍霏
Hair&Make up: 魏运来
舒畅
Hair&Make up: 朗拉瑞
张梓琳
Hair&Make up: 陈凌
尚雯婕
Hair&Make up: 聂蜜桔
齐溪
Hair&Make up: 敬翔
陈冰
Hair&Make up: 雷超
黄景瑜
Hair&Make up: 邓皓文
马思纯
Hair&Make up: 王茜
陈燃
Hair&Make up: 张楠

谭松韵
Hair&Make up: 范姿文悦
刘芸
Hair&Make up: 云峰
李小璐
Hair: 李志辉
Make up: 金鹤龙
马苏
Hair&Make up: 秋钠
王紫璇
Hair&Make up: 张贺
梁靖康/黄俊捷/王瑞昌
Hair&Make up: 曹维
李兰迪
Hair&Make up: 张贺
郭碧婷
Hair: 玄Shang
Make up: 朵儿
苗苗
Hair&Make up: 小超
李纯
Hair&Make up: 鹏鹏
李沁
Hair: 子龙
Make up: 张晓琳
张艺上
Hair: 张宸硕
Make up: 薛冰冰
田沅
Hair&Make up: 海丽
胡冰卿
Hair&Make up: 北北
杨采钰
Hair&Make up: 张团团
王可如
Hair&Make up: 薛冰冰

梁缘
Hair&Make up: 北北
刘承羽Natasha
Hair&Make up: 薛冰冰
邓家佳
Hair&Make up: 毛毛
娄艺潇
Hair: 赵同
Make up: 马超
关晓彤
Hair&Make up: 秋钠
黄圣依
Hair&Make up: 曹为杰(WJSTUDIO)
陈乔恩
Hair: kenji
Make up: hanya韩佳妤
辛芷蕾
Hair&Make up: 樊浩
陈瑶
Hair&Make up: 琴箫
何泓姗
Hair&Make up: 樊浩
刘美彤
Hair&Make up: 李鑫
曹曦文
Hair&Make up: 范珂尔
童瑶
Hair&Make up: 万云峰
毛晓彤
Hair&Make up: 琴箫
邬君梅
Hair: 杨明
Make up: esther
(以上排名不分先后)

图书在版编目（CIP）数据

FB范儿 / 韩火火著. -- 北京 : 中国画报出版社, 2018.2

ISBN 978-7-5146-1575-3

Ⅰ. ①F… Ⅱ. ①韩… Ⅲ. ①服饰美学 Ⅳ. ①TS941.11

中国版本图书馆CIP数据核字(2018)第002808号

造型: 韩火火
总统筹: 齐威
策划: 王雨青
摄影: 刘建安/Oliverjune /姜通/张梦天/陈雪姣（以上排名不分先后）
摄像: 猫田（北京）国际文化传媒有限公司
服装统筹: 韩火火工作室时装组
艺人及媒体统筹: 韩火火工作室新媒体组
平面设计: Cheeers.me

FB 范儿 the 6th Issue 韩火火 著

出 版 人: 于九涛
责任编辑: 郭翠青 魏姗姗
责任印刷: 焦洋

出版发行: 中国画报出版社
地　　址: 中国北京市海淀区车公庄西路33号 邮编: 100048
发 行 部: 010-68469781 010-68414683（传真）
总编室兼传真: 010-88417359 版权部: 010-88417359

开　　本: 24开（889mm × 1194mm）
印　　张: 15
字　　数: 36千字
版　　次: 2018年2月第1版 2018年2月第1次印刷
印　　刷: 北京汇瑞嘉合文化发展有限公司
书　　号: ISBN 978-7-5146-1575-3
定　　价: 128.00元